Das überzeugende Bewerbungsgespräch für Hochschulabsolventen

Christian Püttjer und **Uwe Schnierda** kennen die Wünsche und Hoffnungen, aber auch Sorgen und Nöte von Bewerberinnen und Bewerbern seit rund 20 Jahren. Ihre umfassenden Erfahrungen aus der Optimierung von Bewerbungsunterlagen, aus Einzelcoachings und aus Seminaren bringen sie in ihre praxisnahen Ratgeber ein, die exklusiv im Campus Verlag erscheinen. Die konkreten Tipps, die klare Sprache und die motivierende Unterstützung von Püttjer & Schnierda haben schon über einer Million Leserinnen und Lesern weitergeholfen.

PÜTTJER & SCHNIERDA

Das überzeugende Bewerbungsgespräch für Hochschulabsolventen

Bachelor – Master – Diplom –
Magister – Staatsexamen – Promotion

Campus Verlag
Frankfurt/New York

MIX
Papier aus verantwortungsvollen Quellen
FSC® C008492
www.fsc.org

ISBN 978-3-593-39832-7

10., aktualisierte Auflage 2013

Umschlagfoto: Becker Lacour, Frankfurt am Main
Gestaltung: hauser lacour, Frankfurt am Main
Satz: Publikations Atelier, Dreieich
Druck und Bindung: Beltz Druckpartner, Hemsbach
Printed in Germany

Dieses Buch ist auch als E-Book erschienen.
www.campus.de

Inhalt

Einleitung: Kennen Sie Ihre Einstellungsargumente? ... 9

Bewerben mit der Püttjer & Schnierda-Profil-Methode® ... 13

1. Ihr persönlicher Auftritt ... 15
Wozu dient das Vorstellungsgespräch? ... 16
Die Wünsche der Personalverantwortlichen ... 19

2. Was unterscheidet Sie von anderen? Ihre Selbstpräsentation ... 22
Das erwarten Unternehmen von Hochschulabsolventen ... 26
Schema für Ihre Selbstpräsentation ... 38
Fehler in der Selbstpräsentation ... 43
Überzeugungsregeln für Ihre Selbstpräsentation ... 51
Einsatz der Selbstpräsentation ... 62

3. Wirksame Anti-Stress-Hilfe: Ihre Selbstpräsentation als Mind-Map ... 67
Die Angst vor dem Blackout im Jobinterview ... 67
Stressabbau durch Mind-Maps ... 68

4. Vorbereitung eines Vorstellungsgesprächs ... 74
Die richtige Kleidung ... 74
Einstimmung ... 75
Die Phasen des Vorstellungsgesprächs ... 76

5. Wer sind Ihre Gesprächspartner auf der Unternehmensseite? ... 80
Personalverantwortliche ... 81
Fachvorgesetzte ... 82
Geschäftsführer und Firmeninhaber ... 83

6. Kennen Sie Gesprächstechniken? ... 87
Offene Fragen ... 87

Geschlossene Fragen ... 88
Alternativfragen ... 89
Stressfragen ... 91
Antworttechnik: Beispiele geben ... 94

7. Was sind Ihre Stärken und Schwächen? ... 99
Stärken ... 99
Schwächen ... 103

8. Mit diesen Fragen müssen Sie rechnen ... 108
Fragen zur Leistungsmotivation des Bewerbers ... 109
Fragen zum Unternehmen ... 113
Fragen zur Entwicklung in Schule und Studium ... 115
Fragen zur Persönlichkeit ... 124
Fragen zur privaten Lebensgestaltung ... 129

9. Diese Fragen sollten Sie stellen ... 136
Bitte fragen Sie ... 136

10. Zulässige Reaktionen auf unzulässige Fragen ... 140
Wie reagieren Sie? ... 140

11. Welches Einstiegsgehalt ist realistisch? ... 145
Gehaltshöhe ermitteln ... 145
Gehaltsforderungen taktisch durchsetzen ... 147

12. 100 Fragen und Antworten aus Vorstellungsgesprächen ... 151
Fragen zur Leistungsmotivation des Bewerbers ... 152
Fragen zum Unternehmen ... 156
Fragen zur Entwicklung in Schule und Studium ... 159
Fragen zur Persönlichkeit ... 163
Fragen zur privaten Lebensgestaltung ... 168
Stressfragen ... 170

13. Überzeugen Sie mit souveräner Körpersprache ... 179
Anspannung erkennen ... 181
Konfrontation vermeiden ... 183
Stress- und Verlegenheitsgesten reduzieren ... 186
Aggressive Dominanzgesten unterlassen ... 188
Eine konzentrierte Grundhaltung einnehmen ... 191

14. Wie geht es nach dem Gespräch weiter? 197
Vorstellungsgespräche auswerten 197
Telefonisch und per E-Mail nachfassen 200
Was passiert im zweiten Vorstellungsgespräch? 202
Assessment-Center 205
Taktisch weiter bewerben 205

15. Why should we give you the job? 208
Englische Job-Interviews in Deutschland 208
Die wichtigsten Fragentypen im Überblick 209

Gut vorbereitet zum Ziel 216

Register 219

Einleitung: Kennen Sie Ihre Einstellungsargumente?

Seit der Einführung der neuen Bachelor- und Masterstudiengänge drängen noch mehr Absolventinnen und Absolventen als früher mit unterschiedlichen Abschlüssen auf den Arbeitsmarkt. Schließlich gab es auch bisher schon Studiengänge, die zum Diplom, Examen, Magister oder zur Promotion führten. Nun ist das Ganze für die Firmenseite noch unübersichtlicher geworden, und damit steigt der Begründungsbedarf der Bewerber ein weiteres Mal.

Besondere Situation im Bewerbungsgespräch

Es gilt taktisch vorzugehen, denn niemand wird eingestellt, wenn er im Vorstellungsgespräch die Abschlüsse anderer Absolventen abwertet. Im Gegenteil, Ihre Strategie sollte es sein, die Vorzüge des eigenen Studienganges und die Vorteile des erworbenen Abschlusses in den Vordergrund zu stellen. Und dies gelingt Ihnen am besten, indem Sie sich ein individuelles, praxisorientiertes Profil geben. In diesem Stärkenprofil wird Ihr Abschluss nur ein Baustein sein, hinzu kommen Erfahrungen aus Praktika, Nebenjobs, studentischem Engagement, Projektarbeiten oder Abschlussarbeiten mit Praxisbezug. Im Vorstellungsgespräch müssen Sie Ihr Stärkenprofil der Firmenseite dann aktiv vermitteln.

Als Bewerber das Vorstellungsgespräch aktiv gestalten

Viele Hochschulabsolventen sind der Meinung, dass Personalverantwortliche durch spezielle Fragen schon herausbekommen werden, was sie wissen wollen. Die Möglichkeit, selbst gestaltend in das Gespräch einzugreifen, wird weder gesehen noch genutzt. Bewerbungsgespräche sind aber keine Beratungsgespräche: Nicht die Personalverantwortlichen müssen aus den Angaben von Absolventen ein Qualifikationsprofil zusammensetzen, sondern die Berufseinsteiger selbst müssen im Vorfeld ihr Qualifikationsprofil erstellen und im Gespräch klar definieren. Je aussagekräftiger diese Selbstpräsentation ist, desto angenehmer wird ein Vorstellungsgespräch verlaufen.

Das Herzstück unserer Workshops zum Berufseinstieg und ebenso Herzstück dieses Ratgebers ist die personenbezogene

Entwicklung und Darstellung des beruflichen Stärkenprofils von Bewerbern. Wir zeigen Ihnen in diesem Ratgeber, welche Fehler Hochschulabsolventen vorzeitig ins Aus befördern und mit welchen Überzeugungsregeln sich eine schlüssige und erfolgversprechende Selbstdarstellung vor dem Vorstellungsgespräch ausarbeiten lässt. Sie lernen, Ihre Stärken in einem Kurzvortrag so darzustellen, dass Sie sowohl fachlich als auch persönlich überzeugen.

Überzeugende Selbstdarstellung muss gut sein

Der Weg zu einer solchen Selbstdarstellung gelingt Ihnen durch gezielte und intensive Vorbereitung. Setzen Sie sich mit den Erwartungen der Unternehmen auseinander. Erkennen Sie, welche Ziele die Personalverantwortlichen mit ihren Fragen verfolgen, und erarbeiten Sie sich ein berufsnah ausgestaltetes Qualifikationsprofil, mit dem Sie Ihre Individualität belegen können. Dazu gehört natürlich auch ein individueller Sprach- und Antwortstil.

Um Ihnen eine Basis für die Entwicklung eines eigenen Gesprächsstils zu liefern, stellen wir Ihnen 100 typische Fragen aus Vorstellungsgesprächen mit ungeeigneten und geeigneten Antwortmöglichkeiten vor. Die Beispielantworten werden Ihnen Ihre Lernerfolge deutlich machen. Lassen Sie sich einige Beispielfragen stellen, bevor Sie in die Arbeit mit diesem Buch einsteigen. Sie haben dann eine gute Kontrolle darüber, wie sich Ihr Antwortverhalten nach der Beschäftigung mit diesem Ratgeber positiv verändert haben wird.

Heben Sie Ihr individuelles Profil hervor

Nicht nur Ihr Antwortverhalten wird sich verbessern. Sie werden auch Sicherheit für das Gespräch gewinnen und souverän auftreten können, da Sie nach der Arbeit mit diesem Buch wissen werden, was Sie erwartet. In vielen Beispielen und Übungen werden wir Sie mit der Praxis in Vorstellungsgesprächen vertraut machen. Im Mittelpunkt der von uns vorgestellten Tipps, Techniken und Hinweise steht immer die Umsetzung durch Sie. Nutzen Sie die Chance, sich in Bewerbungsgesprächen von Durchschnittsbewerbern abzuheben, indem Sie Ihren Werdegang und Ihre Stärken überzeugend präsentieren. Ihr individuelles Profil ist gefragt, machen Sie es deshalb im Vorstellungsgespräch deutlich.

Auf dem Weg zu Ihrem gelungenen Auftritt in Vorstellungsgesprächen erwarten Sie mehrere Vorbereitungsschritte. Die folgende Infobox zeigt Ihnen den Ablauf Ihrer Vorbereitung.

ÜBERSICHT

So überzeugen Hochschulabsolventen im Vorstellungsgespräch

1. Vorbereitungsphase

Erwartungen der Unternehmen an Absolventen erkennen

Verarbeiten der Informationen für Ihre Selbstpräsentation

Ihre Selbstpräsentation als Mind-Map

Die richtige Kleidung auswählen

Auf die Vorlieben der verschiedenen Gesprächspartner auf der Unternehmensseite einstellen

Frage- und Antworttechniken einüben

Stärken und Schwächen herausfinden

2. Vorstellungsgespräche führen

Fragenblöcke bewältigen (Fragen zur Leistungsmotivation des Bewerbers, zur Firma, zur Entwicklung in Schule und Studium, zur Person, zur privaten Lebensgestaltung)

Eigene Fragen stellen

Unzulässige Fragen entschärfen

Gehaltsverhandlungen führen

Körpersprache in Vorstellungsgesprächen gezielt einsetzen

Evt. englische Antworten trainieren

3. Nach dem Vorstellungsgespräch

Vorstellungsgespräche auswerten

→ FORTSETZUNG AUF DER NÄCHSTEN SEITE

Telefonisch oder per E-Mail nachfassen

Strategie fürs zweite Gespräch entwickeln

Arbeitsvertrag lesen und unterschreiben

Auf der beiliegenden interaktiven CD-ROM finden Sie viele Übungen und Checklisten aus diesem Buch als PDF-Datei sowie Hörproben aus unseren Hörbüchern und Tests.

Bewerben mit der Püttjer & Schnierda-Profil-Methode®

Gesichtslose Bewerber, die wie austauschbar erscheinen, machen es sich und den Firmen unnötig schwer, zueinander zu finden. Machen Sie es besser: Sie werden bei Ihren Vorstellungsgesprächen positiv auffallen, wenn Sie Ihr Profil aussagekräftig und glaubwürdig vermitteln können.

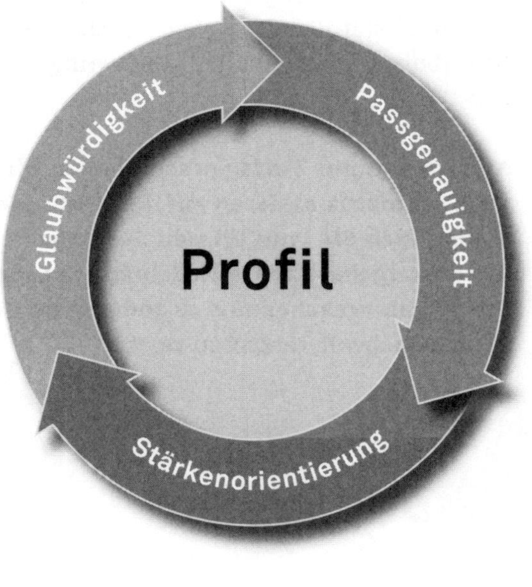

Die Profil-Methode®, die wir dazu in unserer rund 20-jährigen Beratungspraxis entwickelt haben, hat schon vielen Bewerbern zu mehr Erfolg verholfen (www.karriereakademie.de).

Drei Kernelemente kennzeichnen die Profil-Methode®: Punkten Sie mit einer passgenauen Bewerbung, vermitteln Sie Ihre Stärken und treten Sie glaubwürdig auf.

1. Passgenauigkeit Je besser Sie im Vorstellungsgespräch auf die Anforderungen der Stelle eingehen, desto höher ist Ihre Erfolgsquote. Machen Sie sich den Blick der Firmenseite zu eigen. Liefern Sie nachvollziehbare Argumente, warum Sie sich für gerade diese Stelle und diese Firma entschieden haben. So wird Ihr Auftritt passgenau.

2. Stärkenorientierung Niemand lässt sich durch Krisen- und Problemschilderungen von etwas überzeugen – auch Firmen nicht! Verzichten Sie deshalb auf Selbstkritik und Abwertungen und stellen Sie stattdessen Ihre Vorzüge in den Mittelpunkt. So werden Ihre Stärken sichtbar.

3. Glaubwürdigkeit Verbiegen Sie sich nicht im Bewerbungsverfahren, Ihre Persönlichkeit ist gefragt! Verstecken Sie sich nicht hinter Leerfloskeln und abstrakten Formulierungen, liefern Sie stattdessen nachvollziehbare Beispiele, die Ihre Bewerbung mit Leben füllen. So gewinnen Sie Glaubwürdigkeit.

Alle im Campus Verlag erschienenen Bücher von Püttjer & Schnierda basieren auf der Profil-Methode®. Profitieren auch Sie vom Wissen der Experten. Nutzen Sie diesen Ratgeber dazu, sich Schritt für Schritt Ihr eigenes Profil klarzumachen und es anderen im Vorstellungsgespräch nachvollziehbar zu vermitteln.

1. Ihr persönlicher Auftritt

Mit der Einladung zu einem Vorstellungsgespräch haben Sie die erste Hürde im Bewerbungsverfahren genommen. Die Unternehmensvertreter möchten Sie persönlich kennen lernen. Bereiten Sie sich vor, indem Sie sich den Sinn von Vorstellungsgesprächen vor Augen führen, sich mit den Erwartungen der Personalverantwortlichen auseinandersetzen und sich klarmachen, dass Sie Argumente für Ihre Einstellung liefern müssen.

Im Vorstellungsgespräch treten Sie das erste Mal persönlich in Erscheinung. Sie haben im Vorfeld Ihre Bewerbungsunterlagen erstellt und sie potenziellen Arbeitgebern zugesandt. Eventuell haben Sie vor dem Vorstellungsgespräch schon einen telefonischen Kontakt hergestellt. Den Unternehmen liegt bereits eine schriftliche Selbstdarstellung von Ihnen vor, die nun im Gespräch überprüft werden soll. Die schriftlichen Unterlagen dienen dazu, eine Bewerbervorauswahl zu treffen. Anhand der Bewerbungsunterlagen wird jedoch nicht über die Besetzung einer Stelle entschieden.

Passen Sie tatsächlich in das Unternehmen?

Mit Ihrem persönlichen Auftritt müssen Sie nicht nur die von Ihnen schriftlich vermittelten Fähigkeiten und Kenntnisse bestätigen, sondern auch Ihre Fähigkeit zur Einpassung in das Unternehmen verdeutlichen. Bei der Personalauswahl ist es ganz besonders wichtig, dass Sie zum Unternehmen passen. Die Unternehmenskultur differiert je nach Unternehmensgröße und Branche sehr stark: In kleineren innovativen Unternehmen, beispielsweise Softwareschmieden oder Werbeagenturen, herrscht ein anderes Klima als in Großunternehmen. In mittelständischen Unternehmen gibt es andere Entscheidungswege und Verantwortungsbereiche als in internationalen Konzernen. Und auch der öffentliche Dienst, der beispielsweise Architekten, Sozialpädagogen oder Juristen einstellt, hat ganz bestimmte Erwartungen.

Setzen Sie sich intensiv mit den Zielen und Erwartungen auseinander

Auch wenn sich die Anforderungen an Hochschulabsolventinnen und Hochschulabsolventen je nach Tätigkeitsfeld und Unternehmen, Verband oder Organisation stark unterscheiden, so gibt es dennoch große Gemeinsamkeiten im Ablauf und Aufbau von Vorstellungsgesprächen. Wir wissen aus unserer Beratungspraxis, dass Absolventen dann überzeugen, wenn sie sich mit ihren eigenen Wünschen und Zielen und den Vorstellungen und Erwartungen der Arbeitgeberseite gleichermaßen intensiv auseinandergesetzt haben.

Wozu dient das Vorstellungsgespräch?

Mit Persönlichkeit überzeugen

Im Vorstellungsgespräch sind Sie als Persönlichkeit gefragt. Die Überprüfung Ihrer fachlichen Eignung hat mit der Sichtung Ihrer schriftlichen Unterlagen bereits stattgefunden. Wenn Sie zu einem Vorstellungsgespräch eingeladen werden, sind Sie aus Sicht des Unternehmens prinzipiell für die ausgeschriebene Stelle geeignet. Auf diesen Vorschusslorbeeren können Sie sich aber nicht ausruhen. Im Gespräch muss noch geklärt werden, ob Sie

- **zur Firma passen,**
- **sich ins Team eingliedern können,**
- **vom Fachvorgesetzten akzeptiert werden,**
- **genügend Leistungsbereitschaft mitbringen,**
- **Ihre Stärken und Schwächen einschätzen können,**
- **mit Ihrem Arbeitsstil zum Unternehmen passen und**
- **sich ein realistisches Bild von den Anforderungen Ihrer ersten Stelle gemacht haben.**

Personalverantwortliche und Fachvorgesetzte wollen sich im Vorstellungsgespräch einen umfassenden Eindruck von Ihnen verschaffen. Sie werden Ihre Gesprächspartner nicht für sich einnehmen, wenn Sie nur fachlich oder nur mit Ihrer Persönlichkeit überzeugen.

Aus unserer Beratungspraxis
Fachkenntnisse und persönliche Stärken

BERATUNG

Ein Chemiestudent, der kurz vor dem Abschluss seiner Promotion stand, kam zu uns, weil die Ergebnisse seiner beiden bisher geführten Vorstellungsgespräche Absagen waren. Inzwischen hatte ihn Panik ergriffen, da der enge Stellenmarkt für Chemiker nicht viele Möglichkeiten zum Berufseinstieg bietet, insbesondere wenn man wie er in einen internationalen Chemiekonzern einsteigen wollte. Ein weiteres misslungenes Vorstellungsgespräch konnte er sich nicht leisten.

Die im Studium erworbenen Fachkenntnisse und seine in der Masterthesis und der anschließenden Promotion vollzogene Spezialisierung machten den Kandidaten für Konzerne durchaus sehr interessant.

Wir simulierten mit ihm Vorstellungsgespräche. Dabei wurde deutlich, dass er sich bei Fragen, die nicht auf seinen fachlichen Hintergrund zielten, sehr unwohl fühlte. Seine Körpersprache zeigte seine Nervosität durch Stress- und Verlegenheitsgesten. Nach seiner Auffassung gehörte es sich nicht, jemanden über seine Persönlichkeit auszufragen. Er war der Meinung, dass im Vorstellungsgespräch nur die fachliche Eignung thematisiert werden sollte.

Persönliche Fähigkeiten, wie Team- und Kommunikationsfähigkeit, hielt er für völlig bedeutungslos, da er in Forschung und Entwicklung tätig sein und sich dort auf den experimentellen Bereich spezialisieren wollte. Aber genau diese fehlende Auseinandersetzung mit seinen persönlichen Stärken und Schwächen führte dazu, dass er im Gespräch nicht auf Fragen zur Persönlichkeit reagieren konnte. Darin waren letztlich auch die Absagen begründet.

Es dauerte einige Zeit, bis wir ihn davon überzeugen konnten, dass er in der heutigen Berufswelt nicht nur allein vor sich hin arbeiten könne. Die Geschäftsleitung müsse schließlich Geld für seine Forschungen bereitstellen, und auch der Umgang mit Mitarbeitern im Forschungslabor sollte reibungslos gestaltet werden.

Wir trainierten mit ihm, seine Stärken in der Aufbereitung von Forschungsergebnissen und der Präsentation dieser Er-

→ FORTSETZUNG AUF DER NÄCHSTEN SEITE

gebnisse auf Kongressen und internationalen Tagungen in den Vordergrund zu stellen. Damit konnte er seine Kommunikationsfähigkeit, seine Präsentationsfähigkeit, sein analytisches Denken und seine Vermittlungsfähigkeiten belegen. Da er zusammen mit seinem Professor Drittmittel für sein Hochschulinstitut eingeworben hatte, konnten wir ihm auch unternehmerisches Denken zuschreiben. Mit diesen neuen Belegen für seine persönlichen Fähigkeiten und der Erkenntnis, dass sie durchaus wichtig sind, gelang ihm im nächsten Vorstellungsgespräch der Berufseinstieg.

Fazit: Das Vorstellungsgespräch dient dazu, Personalverantwortlichen und anderen Unternehmensvertretern deutlich zu machen, dass Sie nicht nur fachlich geeignet sind, sondern sich auch in die Arbeitsabläufe und das Betriebsklima in einem Unternehmen einpassen können.

Realistische Selbsteinschätzung und Selbstreflexion

Ein Vorstellungsgespräch verläuft dann für beide Seiten erfolgreich, wenn Sie sowohl Ihr Fachwissen als auch Ihre persönlichen Fähigkeiten anhand von konkreten Beispielen aus Ihrem Werdegang belegen. Es genügt nicht, nur die fachliche Eignung herauszustellen. Sie müssen auch zeigen, dass Sie über die Fähigkeit zur realistischen Selbsteinschätzung und zur Selbstreflexion verfügen. Genauso wenig werden Sie überzeugen, wenn Sie sich als schillernde Persönlichkeit darstellen, aber nicht vermitteln, dass Sie die Aufgaben der Position in den Griff bekommen können.

In der Regel erhalten Sie von einem Unternehmen keine aussagekräftige Rückmeldung darüber, warum man Ihnen nach einem Vorstellungsgespräch eine Absage schickt. Personalverantwortliche werden Ihnen nicht die ausgesprochenen und unausgesprochenen Regeln von Vorstellungsgesprächen erläutern. Daher vermitteln wir Ihnen in diesem Ratgeber, wie Sie das Zusammenspiel Ihrer fachlichen Kenntnisse und Ihrer persönlichen Fähigkeiten so darstellen, dass Sie glaubwürdig wirken und als Person überzeugen. So können Sie optimal vorbereitet in Vorstellungsgespräche gehen.

Die Wünsche der Personalverantwortlichen

Die Aufgabe der Personalverantwortlichen ist es, sich im Vorstellungsgespräch ein umfassendes Bild vom Bewerber zu machen. Es geht weniger um den ersten guten Eindruck oder darum, sich gegenseitig sympathisch zu finden. Personalverantwortliche müssen gegenüber der Geschäftsleitung und den Leitern der Fachabteilungen begründen können, warum sie einen bestimmten Kandidaten empfehlen.

Ihr Qualifikationsprofil auf die Anforderungen abstimmen

Am besten können Personalverantwortliche einen Bewerber vertreten, wenn er selbst Argumente für seine persönliche und fachliche Eignung liefert. Die Selbstpräsentation des Bewerbers steht im Mittelpunkt des Vorstellungsgesprächs. Von Personalverantwortlichen hört man, dass viele Berufseinsteiger nicht in der Lage sind, eine aussagekräftige Selbstpräsentation zu liefern und ihr Qualifikationsprofil auf die Anforderungen der Einstiegsposition abzustimmen. Stattdessen werden gerade von Hochschulabsolventinnen und Hochschulabsolventen zu oft abstrakte Formulierungen ohne Aussagekraft verwendet.

Was von Ihnen erwartet wird

Personalverantwortliche fühlen sich auch häufig im Vorstellungsgespräch allein gelassen. Die Haltung, die ausdrückt »Machen Sie etwas aus mir, Sie sind schließlich der Profi«, verkennt die Situation. Bewerber müssen Argumente für ihre Einstellung liefern. Ein Vorstellungsgespräch ist kein Beratungsgespräch, in dem das Qualifikationsprofil eines Einsteigers mithilfe des Personalverantwortlichen erstellt wird. Überzeugende Bewerberinnen und Bewerber kennen ihr Profil, wissen, was Personalverantwortliche mit ihren Fragen herausfinden wollen, können ihre Stärken nennen, liefern konkrete Beispiele für ihre Fähigkeiten und Kenntnisse, können souverän auf Stressfragen reagieren, stellen eigene Fragen und können sich auf ihre Gesprächspartner flexibel einstellen.

Die Selbstpräsentation, mit der Sie im Vorstellungsgespräch Ihr individuelles Qualifikationsprofil deutlich machen, steht daher im Mittelpunkt dieses Ratgebers. Nutzen Sie die

Chance, sich mithilfe unserer Übungen, Tipps und Beispiele ein detailliertes und glaubwürdiges Stärkenprofil für Gespräche zu entwickeln. Teile der Selbstpräsentation werden Ihnen in unseren Hinweisen zur Beantwortung von typischen Fragen in Vorstellungsgesprächen wieder begegnen. Sie können sie nutzen, um in Ihre Antworten Beispiele aus Ihren Praktika und anderen berufsnahen Erfahrungen einzuarbeiten. Mit dieser Argumentationsstrategie überzeugen Sie Personalverantwortliche, die leider zu oft erleben, dass Bewerber entweder gar nicht auf Fragen antworten können oder aber inhaltslose Antworten geben.

Mit Argumenten überzeugen

Wenn Sie einmal gelernt haben, Personalverantwortliche zu überzeugen, so haben Sie sich auch die Basis geschaffen, andere Unternehmensvertreter für sich zu gewinnen. Personalverantwortliche sind die »härteste Nuss«, die Sie im Vorstellungsgespräch knacken müssen. Durch spezielle Schulungen und den häufigen Umgang mit Bewerberinnen und Bewerbern haben sie ein professionelles Gespür für Widersprüche, Defizite und Selbstüberschätzungen entwickelt. Personalverantwortliche müssen daher mit plausiblen Argumenten überzeugt werden.

Lernen Sie in diesem Ratgeber die Spielregeln kennen, nach denen Personalverantwortliche, Fachvorgesetzte und Geschäftsführer Vorstellungsgespräche mit Ihnen führen. Unsere Übungen und Beispiele geben Ihnen die Sicherheit, die Sie Vorstellungsgespräche erfolgreich führen lässt.

AUF EINEN BLICK

Auf einen Blick
Ihr persönlicher Auftritt

- → Schriftliche Unterlagen reichen Unternehmen nicht aus, um eine Einstellungsentscheidung zu treffen.
- → Im Vorstellungsgespräch müssen Sie sich persönlich in Szene setzen und deutlich machen, dass Sie zum Unternehmen passen.
- → Im Gespräch werden auch Ihre persönlichen Fähigkeiten

überprüft: Der Verweis auf die fachliche Eignung genügt nicht, um in Vorstellungsgesprächen zu überzeugen.

→ Personalverantwortliche haben ein professionelles Gespür für Widersprüche, Defizite und Selbstüberschätzungen.

→ Zeigen Sie im Vorstellungsgespräch, dass Sie sich realistisch einschätzen können und dass Sie sich über Ihre beruflichen Ziele im Klaren sind.

→ Der Sympathiefaktor ist im Vorstellungsgespräch wichtig, aber nicht alleinentscheidend. Personalverantwortliche brauchen Argumente, um Sie der Geschäftsleitung oder der Fachabteilung empfehlen zu können.

→ Ein Vorstellungsgespräch ist kein Beratungsgespräch, Sie müssen selbst Argumente für Ihre Einstellung liefern.

2. Was unterscheidet Sie von anderen? Ihre Selbstpräsentation

Die entscheidende Aufgabe im Vorstellungsgespräch liegt darin, sich von der Masse Ihrer Mitbewerber abzuheben. Aus unserer Beratungstätigkeit wissen wir, dass gerade Hochschulabsolventen die Aufbereitung des eigenen Qualifikationsprofils für Bewerbungsgespräche sehr schwerfällt. Nehmen Sie die Aufgabe, sich selbst darzustellen, in mehreren Schritten in Angriff: Klären Sie, was Unternehmen von Ihnen erwarten, was Sie zu bieten haben und lassen Sie dann die Ergebnisse der ersten beiden Schritte in eine aussagekräftige Selbstpräsentation einfließen.

In Ihrer Selbstpräsentation muss deutlich werden, dass Sie die von Unternehmen nachgefragten Kenntnisse und Fähigkeiten mitbringen. Die entscheidende Hürde, die es im Vorstellungsgespräch zu nehmen gilt, ist die Frage: »Was unterscheidet Sie von Ihren Mitbewerbern?«

Sich von den Mitbewerbern absetzen

Wenn Sie zum Vorstellungsgespräch eingeladen sind, ist die Unternehmensseite grundsätzlich davon überzeugt, dass Sie zur ausgeschriebenen Einstiegsposition passen könnten. Um das Bewerbungsverfahren erfolgreich abzuschließen, müssen Sie im Vorstellungsgespräch diesen Eindruck vertiefen. Stellen Sie heraus, dass Ihr bisheriger Werdegang wie ein roter Faden auf die Einstiegsposition hinführt. Verdeutlichen Sie anhand von konkreten Beispielen, dass Sie berufliche Aufgaben in den Griff bekommen können. Machen Sie klar, dass Sie die geforderten persönlichen Fähigkeiten mitbringen.

Wenn Sie an dieser Stelle einwenden, dass Sie selbst gar keine schlüssige Linie in Ihrer Entwicklung erkennen können und sich deshalb außerstande sehen, den gewünschten roten Faden anderen zu vermitteln, können wir Sie beruhigen. Genau an dieser Stelle setzt unser Training mit Ihnen an. Jede Bewerberin und jeder Bewerber hat einen Gestaltungsspielraum bei der Präsentation der eigenen Stärken und Erfahrungen. Wir werden Ihnen anhand vieler Beispiele zeigen, wie Sie diesen Gestaltungsspielraum zu Ihren Gunsten nutzen können. Und dabei wird Ihnen auch klar werden, wie sich der rote Faden, der zu Ihrer Einstiegsposition hin führt, mit schlüssigen Argumenten belegen lässt.

Aus unserer Beratungspraxis
Selbsterfüllende Prophezeiung

BERATUNG

Eine Hochschulabsolventin, die an einem unserer Bewerbungsseminare teilnahm, weigerte sich mit Händen und Füßen, ein Bewerbungsgespräch zu simulieren. Sie hatte bereits ein Vorstellungsgespräch geführt, dort aber negative Erfahrungen gemacht. Sie hatte sich den Fragen des Personalverantwortlichen hilflos ausgeliefert gefühlt, bei vielen Fragen nicht gewusst, was sie antworten sollte, und hätte am liebsten von sich aus das Gespräch beendet.

Diese Erfahrung hatte dermaßen an ihrem Selbstwertgefühl gekratzt, dass sie nicht mehr bereit war, sich Bewerbungsgesprächen zu stellen. Bei einer Unterhaltung wurde deutlich, woran sie gescheitert war, und dass sie an ihrer negativen Erfahrung nicht ganz unschuldig war.

Sie hatte sich bei ihrem Vorstellungsgespräch nach der Begrüßung sofort hingesetzt und darauf beschränkt, auf die Fragen des Personalverantwortlichen zu warten. Kommilitonen hatten ihr geraten, möglichst wenig zu sagen und knapp zu antworten, um nicht in Fallen zu tappen. Daher wartete sie im Gespräch von Anfang an auf den Hinterhalt, in den sie ihrer Meinung nach gelockt werden sollte. Ihre Zurückhaltung hatte der Personalverantwortliche mit der Frage »Fühlen Sie sich unwohl?« aufzulockern versucht. Diese Frage verstand die Absolventin als Trickfrage, erlaubte sich daher nicht, ihre Anfangsnervosität einzugestehen, und wusste absolut nicht, was sie antworten sollte. Weitere Antworten ließ sie sich nur widerwillig aus der Nase ziehen.

Der endgültige Bruch im Vorstellungsgespräch war die Frage »Warum wollen Sie überhaupt bei uns einsteigen?«. Diese Frage verstand sie als Vorwurf. Sie nahm an, dass der

→ FORTSETZUNG AUF DER NÄCHSTEN SEITE

Personalverantwortliche ihre Zurückhaltung als Interesselosigkeit kritisieren wollte. Dies war der Punkt, an dem sie am liebsten aus dem Gespräch ausgestiegen wäre.

Wir erläuterten ihr, dass der Personalverantwortliche mit seiner ersten Frage wohl nur die Stimmung auflockern wollte und danach versucht hatte, ihr Qualifikationsprofil aus ihr herauszulocken. Da sie jedoch gemäß den Ratschlägen ihrer Kommilitonen Informationen nur spärlich preisgab, war ihr Profil nicht deutlich geworden. Auch die letzte Chance, zu erläutern, warum sie bei der Firma einsteigen wolle, nutzte sie nicht. Dem Personalverantwortlichen vermittelte sie damit absolute Profillosigkeit.

Wir erklärten ihr, wie wichtig ihr individuelles Qualifikationsprofil für die Unternehmen ist, und dass es im Vorstellungsgespräch nicht vorrangig um die Abwehr unfairer Angriffe geht. Aus ihrer Schwerpunktbildung im Studium, den in Praktika erworbenen Fähigkeiten, ihren Erfahrungen aus Aushilfstätigkeiten und ihrem Engagement in der Fachschaft entwickelten wir eine aussagekräftige Selbstpräsentation. Daraufhin war sie bereit, sich einem simulierten Vorstellungsgespräch zu stellen. Sie war überrascht, wie gut ihr die Darstellung ihres Werdeganges nun gelang, und dass sie mit konkreten Beispielen ihre Kenntnisse und Fähigkeiten so anschaulich machen konnte, dass sie sich unangenehme Nachfragen ersparte.

Fazit: Ein Vorstellungsgespräch ist üblicherweise kein rhetorischer Schlagabtausch. Für Personalverantwortliche steht die Suche nach der Persönlichkeit und den Qualifikationen des Bewerbers im Mittelpunkt. Deswegen ist die Ausarbeitung einer Selbstpräsentation, die Ihre fachlichen Kenntnisse und persönlichen Fähigkeiten anhand von berufsnahen Beispielen dokumentiert, eine unverzichtbare Vorarbeit für erfolgreiche Bewerbungsgespräche.

Eine glaubwürdige Selbstpräsentation entwickeln

Bedenken Sie außerdem: Nicht derjenige, der die Anforderungen des zu vergebenden Arbeitsplatzes am besten erfüllt, wird eingestellt, sondern derjenige, der sich im Bewerbungsverfahren am überzeugendsten darstellt. Die Entwicklung einer glaubwürdigen Selbstpräsentation ist deshalb das Fundament Ihres gesamten Bewerbungsverfahrens.

Mit den Informationen und den Übungen aus diesem Kapitel werden wir Sie in die Lage versetzen, Ihre eigene Selbstpräsentation zu entwickeln. Sie werden lernen, sich mündlich so darzustellen, dass klar wird, dass Sie die oder der Richtige für die Einstiegsposition sind. Ihre Selbstpräsentation zum Thema »Warum ich in Ihre Firma als XYZ einsteigen will!« wird eine Länge von etwa drei Minuten haben. Mit diesem Zeitrahmen vermeiden Sie zum einen die Gefahr langatmiger Ausführungen und präsentieren sich zum anderen als Absolvent beziehungsweise als Absolventin, der/die in der Lage ist, seine oder ihre bisherige Entwicklung auf den Punkt zu bringen.

Wer seine Bewerbungsunterlagen mit unserem Ratgeber *Bewerbungstraining für Hochschulabsolventen* aufbereitet hat, weiß, dass der Vortrag eines auf einem DIN-A4-Blatt verfassten Anschreibens rund drei Minuten dauert. So können Sie die für Ihr Anschreiben geleistete Arbeit hier weiter nutzen. Mit einer gut ausgearbeiteten Selbstpräsentation schaffen Sie sich die Grundlage für:

- → **Ihre Antworten auf die wichtigsten Fragen in Vorstellungsgesprächen »Was unterscheidet Sie von Ihren Mitbewerbern?« und »Warum sollten wir gerade Sie einstellen?«,**
- → **die überzeugende Beantwortung spezieller Fragen zu Ihren fachlichen Kenntnissen und persönlichen Fähigkeiten und**
- → **eine souveräne Reaktion auf Stressfragen.**

Legen Sie dar, warum Sie der/die Richtige sind

Die Frage »Warum ist gerade dieser Absolvent der richtige für uns?« steht bei Vorstellungsgesprächen von Anfang an im Raum. Sehr oft wird von Personalverantwortlichen gleich am Gesprächsanfang direkt nachgefragt:

- **»Warum haben Sie sich bei uns beworben?«**
- **»Was interessiert Sie an dieser Position?«**
- **»Stellen Sie sich bitte kurz vor!«**

Sie verschaffen sich erhebliche Startvorteile für den weiteren Gesprächsverlauf, wenn Sie Ihren bisherigen Werdegang kurz, aber schlüssig darstellen können und konkrete Beispiele geben, die auf das Anforderungsprofil des Unternehmens eingehen.

Prägnante Informationen vermitteln

Wir wissen aus unserer Beratungstätigkeit, dass Hochschulabsolventinnen und Hochschulabsolventen vielfältige, in der Berufspraxis verwertbare Erfahrungen mitbringen. Das Problem besteht in der Regel darin, die für die Einstiegsposition wesentlichen Informationen herauszufiltern, prägnant aufzubereiten und komprimiert zu vermitteln. Damit Ihnen dies gelingt, erfahren Sie nun:

- **welche Forderungen Unternehmen an Hochschulabsolventen stellen,**
- **wie Sie eine Selbstpräsentation aufbauen,**
- **wie Sie Fehler in der Selbstpräsentation vermeiden und**
- **wie Sie Überzeugungsregeln in der Selbstpräsentation einsetzen.**

Das erwarten Unternehmen von Hochschulabsolventen

Gehen Sie auf die Anforderungen der Position ein

Das Problem vieler Hochschulabsolventinnen und -absolventen besteht darin, dass sie in ihrer Selbstpräsentation nicht auf die Anforderungen der Einstiegsposition eingehen. Wir erläutern Ihnen jetzt, welche fachlichen Kenntnisse und welche persönlichen Fähigkeiten Unternehmen heute erwarten. Wenn Sie wissen, was von Ihnen verlangt wird, können Sie diese Anforderungen aufgreifen und sich so präsentieren, dass man die Erwartungen als von Ihnen erfüllt versteht.

Die Anforderungen der Unternehmen lassen sich in zwei Gruppen einteilen: in fachliche Kenntnisse und in persönliche Fähigkeiten.

Fachliche Kenntnisse

Weil Sie ohne Fachkenntnisse keinen Beruf ausüben können, bezeichnen wir fachliche Kenntnisse als klassische Anforderungen. Ohne Fachkenntnis geht überhaupt nichts. Fachliche Kenntnisse werden auch als Fachwissen oder fachliche Kompetenz bezeichnet. Es geht um Ihr Wissen in den Bereichen, die für Ihr zukünftiges Tätigkeitsfeld wichtig sind.

Zeigen Sie, dass Sie sich Spezialkenntnisse aneignen können

Unternehmen suchen fachlich möglichst maßgeschneiderte Mitarbeiter. Das heißt die fachliche Kompetenz der Bewerber sollte im Wesentlichen mit den fachlichen Anforderungen des Unternehmens übereinstimmen. Für Hochschulabsolventen gibt es hier einen Spielraum: Wenn Sie im Gespräch verdeutlichen können, dass Sie sich neues Wissen in der Vergangenheit schnell erschlossen haben, traut man Ihnen zu, sich Spezialkenntnisse in der Einarbeitungszeit anzueignen. Im Kern muss Ihr fachliches Qualifikationsprofil aber stimmen.

Die Fachkenntnisse unterteilen sich in verschiedene Wissensbereiche. Die nachgefragte Kompetenz besteht immer aus einer Mischung der folgenden Bereiche:

- → **Studienrichtung mit Schwerpunkten,**
- → **Praktika und Berufskenntnisse,**
- → **Fremdsprachenkenntnisse,**
- → **Computerkenntnisse.**

Studienschwerpunkte differenziert darstellen

Studienrichtung mit Schwerpunkten Die bloße Nennung Ihres Studienfaches ist den Unternehmen zu wenig. Die Einstellung »Als Ingenieur kann ich Ingenieuraufgaben lösen« hat im Bewerbungsgespräch keine Aussicht auf Erfolg. Hochschulabsolventen sollten in der Lage sein, ihr Studienfach mit den entsprechenden Differenzierungen darzustellen und die Schwerpunkte herauszuarbeiten, die für potenzielle Arbeitgeber interessant sind. Orientieren Sie sich hier an Ihren offiziellen Studienschwerpunkten und an Ihrer Studienordnung.

Praktika und Berufskenntnisse Da jeder Hochschulabsolvent über einen Hochschulabschluss verfügt, können Sie im Vorstellungsgespräch damit nicht entscheidend punkten. Der

Erwerb eines Abschlusses ist zwar notwendig, aber noch lange nicht ausreichend, da die Unternehmen vorrangig daran interessiert sind, ob Sie berufliche Aufgaben lösen können. Ihr Studienabschluss dokumentiert nur, dass Sie sich Wissen aneignen und wiedergeben können, jedoch nicht, dass Sie es auch anwenden können.

Berufsnahe Praktika oder Diplomarbeiten sind von Vorteil

Wenn Sie Praktika durchgeführt haben, die eine Nähe zu Ihrem angestrebten Berufsfeld haben, besitzen Sie einen unschätzbaren Vorteil für Ihre Selbstpräsentation. Personalverantwortliche und Personalberater sind sich darin einig, dass zu Ihrem Berufsfeld passende Praktika als erste Berufserfahrung gewertet werden. Wichtig dabei: Beschreiben Sie die Aufgaben und Erfahrungen aus Ihren Praktika so, dass ein Nutzen für die Einstiegsposition deutlich wird.

Die berufsnahen Erfahrungen hervorheben

Es ist ein weitverbreiteter Irrglaube, dass ein in kurzer Zeit absolviertes Studium quasi automatisch zur Einstellung führt. Viel wichtiger sind für die Unternehmen Ihre praxis- und berufsnahen Erfahrungen; dazu zählen auch zeitlich begrenzte Projekte. Ob studentische Unternehmensberatung, Pressearbeit, Gestaltung von Internet-Auftritten, Organisation von Firmen-Kontakttagen, Marktforschung oder Mitarbeit an EDV-Projekten, Ihre Praxiserfahrungen sind immer gefragt. Wer parallel zum Studium berufliche Aufgabenstellungen gelöst hat, kann zudem zukünftige Arbeitgeber mit der erfolgreichen Bewältigung von Doppelbelastungen beeindrucken.

Fremdsprachenkenntnisse Der Trend zur weltweiten Produktion und die Globalisierung der Märkte führen dazu, dass die Anforderungen von Unternehmen an die Fremdsprachenkenntnisse ihrer Mitarbeiter ständig steigen. Es geht zwar nicht darum, dass Hochschulabsolventinnen und Hochschulabsolventen über perfekte Sprachkenntnisse verfügen, es sei denn, sie sollen als Dolmetscher eingesetzt werden. Wenn aber für eine ausgeschriebene Stelle bestimmte Sprachkenntnisse verlangt werden, sollten Sie belegen können, dass Sie in der gewünschten Sprache Telefonate führen, E-Mails schreiben oder gegebenenfalls sogar Verhandlungen führen können.

Wenn Sie sich für eine Einstiegsposition beworben haben, in der qualifizierte Sprachkenntnisse verlangt werden, beispielsweise weil Sie für die Firma auch im Ausland tätig sein sollen, müssen Sie damit rechnen, dass die Unternehmensvertreter im Vorstellungsgespräch die Sprache wechseln und Ihnen Fragen in der geforderten Fremdsprache stellen. Sie können sich auf diese zusätzliche Prüfung vorbereiten, indem Sie im Vorfeld von Job-Interviews Ihre Selbstpräsentation und die Inhalte Ihrer Abschlussarbeit übersetzen, sodass Sie sich auch in der gewünschten Sprache flüssig äußern können. Einen Eindruck davon, welche Fragen Ihnen ebenfalls auf Englisch gestellt werden könnten, bekommen Sie im Kapitel »Why should we give you the job?«.

Auf Fragen in einer Fremdsprache vorbereitet sein

Computerkenntnisse Fachkenntnisse in PC-Softwareprogrammen, wie Textverarbeitung, Tabellenkalkulation oder Datenbanken, sind aus dem Arbeitsalltag nicht mehr wegzudenken. Sie müssen belegen können, dass Sie über Anwenderkenntnisse verfügen. In informationstechnischen Berufsfeldern sind darüber hinaus auch Ihre Programmierkenntnisse gefragt.

Auch wenn sich bestimmte Standardprogramme durchgesetzt haben, verwenden noch längst nicht alle Unternehmen identische PC-Programme. Werden von Ihnen bestimmte PC-Kenntnisse verlangt, die Sie nicht haben, so heißt dies nicht, dass Sie chancenlos sind. Stellen Sie im Gespräch heraus, dass Sie täglich mit verschiedenen PC-Programmen umgehen und deshalb in der Lage sind, sich schnell in neue Programme einzuarbeiten.

Tägliche PC-Praxis ist wichtig

Fachliche Kenntnisse allein reichen heute jedoch nicht mehr aus, um qualifizierte Berufe erfolgreich ausüben zu können. Deshalb machen wir Sie jetzt mit der zweiten Gruppe von Anforderungen – den persönlichen Fähigkeiten – vertraut.

Persönliche Fähigkeiten

Wenn Sie sich mit den Anforderungsprofilen von Unternehmen auseinandersetzen, merken Sie schnell, dass bestimmte Worte immer wieder auftauchen: beispielsweise die Begriffe Teamfähigkeit, Flexibilität, Motivation, Kommunikationsfähigkeit, Initiative, Organisationsgeschick und viele andere. Diese Forderungen haben keinen direkten Bezug zu den fach-

Soziale Kompetenz

lichen Kenntnissen der Bewerberinnen und Bewerber, sie beziehen sich auf die Person. Daher werden sie auch persönliche Fähigkeiten, außerfachliche Fähigkeiten, Soft Skills oder auch soziale Kompetenz genannt. Es geht bei den persönlichen Fähigkeiten darum,

→ **wie Sie Ihre an der Hochschule erworbenen Fachkenntnisse bei der Lösung von beruflichen Aufgaben einsetzen und**
→ **wie Sie am zukünftigen Arbeitsplatz mit Vorgesetzten, Kollegen, Mitarbeitern und Kunden umgehen werden.**

Das Fachwissen zur Lösung beruflicher Aufgaben nutzen können

Fachwissen allein reicht den Unternehmen nicht. Sie müssen nachweisen, dass Sie dieses Fachwissen zur Lösung beruflicher Aufgaben einsetzen können. Dazu sind unterschiedliche persönliche Fähigkeiten vonnöten. Die sieben wichtigsten haben wir für Sie zusammengefasst:

→ **Kundenorientierung**
→ **Teamarbeit und Projektarbeit**
→ **Selbstständiges Arbeiten**
→ **Belastungs- und Kritikfähigkeit**
→ **Lernbereitschaft**
→ **Analytisches Denken**
→ **Leistungsbereitschaft**

Kundenorientierung Qualifizierte Tätigkeitsfelder wie Marketing, Vertrieb, Öffentlichkeitsarbeit, Beratung, Training, beziehungsweise Weiterbildung, Produktion und Entwicklung haben gemeinsam, dass die Orientierung hin zum Kunden und seinen speziellen Wünschen immer wichtiger wird. Der Grund für diese Tendenz liegt darin, dass Produkte und Dienstleistungen immer austauschbarer werden. Deswegen sind andere Faktoren im Wettbewerb um die Gunst des Kunden entscheidend geworden: Wer behandelt seine Kunden so zuvorkommend, dass sie auch noch das nächste Mal zu ihm kommen? Wer bietet den besten Service, nachdem ein Produkt verkauft wurde? Wer ist in der Lage, individuell zu beraten und Terminvorgaben einzuhalten?

Wenn Sie der Forderung nach Kundenorientierung gerecht werden wollen, müssen Sie im Vorstellungsgespräch klar zum Ausdruck bringen, dass Sie wissen, wie wichtig enge Kundenbindungen für den Unternehmenserfolg sind, dass Sie keine Angst vor Kundenkontakt haben und dass Sie über die notwendigen sprachlichen Ausdrucksfähigkeiten und eine gute Portion an Verhandlungsgeschick verfügen.

Sprachliche Ausdrucksfähigkeit und Verhandlungsgeschick

Teamarbeit und Projektarbeit Als Teamfähigkeit wird Ihre Begabung zur Lösung von Aufgaben im Zusammenspiel mit anderen Menschen bezeichnet. Diese persönliche Fähigkeit wird heutzutage als unverzichtbare Eigenschaft von Mitarbeitern angesehen. Der schweigsame Einzelkämpfer, der Informationen für sich behält, alleine vor sich hin arbeitet und keinen Kontakt zu den anderen Beschäftigten hat, ist im Berufsalltag nicht lange überlebensfähig.

Projektarbeit ist eine Variation der Teamarbeit. Im Unterschied zur klassischen Teamarbeit werden zur Bewältigung von Aufgaben nicht nur Mitarbeiter aus einer Abteilung oder Arbeitsgruppe, sondern aus verschiedenen Abteilungen eingesetzt. Soll beispielsweise in einer Direktbank ein neues Modell für die Online-Depotverwaltung von Anlagevermögen entwickelt werden, ist für diese Arbeit das Wissen von unterschiedlichen Experten gefragt. Die Produktmanager definieren die gewünschten Leistungsmerkmale, die Programmierer setzen den Internet-Auftritt um, die Werbeprofis schmieden Pläne für eine Marketing-Kampagne, die Kostenexperten errechnen, zu welchen Preisen das neue Konto angeboten werden kann, und die Call-Center-Agenten überlegen, wie sie in Telefongesprächen möglichst viele Kunden von den Vorzügen des neuen Produkts überzeugen können. Dies alles geschieht in ständiger Abstimmung untereinander. Regelmäßige Konferenzen und Treffen begleiten den Arbeitsprozess bis zur Markteinführung.

Zunehmende Bedeutung von Projektarbeit

Teamfähigkeit und die Fähigkeit zur Projektarbeit lassen sich nicht einfach verordnen. Hochschulabsolventen sollten deshalb im Vorstellungsgespräch mit konkreten Belegen deutlich machen können, dass sie diese Fähigkeiten bereits im Studium und in Praktika und Projekten entwickelt und ausgebaut haben.

Fähigkeiten mit konkreten Beispielen belegen

Selbstständiges Arbeiten Begriffe wie »Eigeninitiative«, »Verantwortung«, »einsatzfreudig«, »engagiert« oder »selbstständig« tauchen in Stellenanzeigen permanent auf. Das zeigt, dass das eigenständige Handeln von Mitarbeitern mit dem Siegeszug der Teamarbeit noch lange nicht obsolet geworden ist. Um im Team etwas bearbeiten zu können, muss sich jeder Einzelne sorgfältig vorbereiten. Teamarbeit bedeutet nicht, sich hinter einer Gruppe zu verstecken. Optimale Teamergebnisse gelingen nur dann, wenn alle Gruppenmitglieder mitdenken, Vorschläge machen und sich selbst überlegen, wie sie Arbeitsabläufe verbessern können.

Mit Stress und Belastungen umgehen lernen

Belastungs- und Kritikfähigkeit Stärkere Belastungen während der Arbeitsspitzen führen dazu, dass Beschäftigte zeitweise großem Druck ausgesetzt sind. Dies hat zur Folge, dass der Umgangston dann meist etwas rauer wird. Unternehmen erwarten von ihren Mitarbeitern, dass sie diesen stärkeren Druck eine gewisse Zeit lang aushalten. Das heißt, Ihre Fähigkeiten im Umgang mit Stress am Arbeitsplatz sind gefragt. Wer unter Stress schnell die Nerven verliert, wer ständig darüber diskutiert, was andere falsch gemacht haben, oder wer sich beleidigt oder schmollend zurückzieht, kassiert Minuspunkte. Unternehmen suchen Mitarbeiter, die sich auch bei Gegenwind nicht gleich unterkriegen lassen. Absolventen, die Belastungen aushalten und über die Bereitschaft verfügen, Kritik anzunehmen und sich damit auseinanderzusetzen, sind heutzutage gefragt.

Sich neuem Wissen gegenüber aufgeschlossen zeigen

Lernbereitschaft Damit die Firmen im Wettbewerb um die Kunden bestehen, ist die regelmäßige Teilnahme der Mitarbeiter an Fort- und Weiterbildungsmaßnahmen unverzichtbar. Computerkenntnisse veralten besonders schnell. Ständig werden neue EDV-Systeme und -Programme auf den Markt gebracht. Auch die angebotenen Produkte und Dienstleistungen der Unternehmen selbst ändern sich und müssen ständig optimiert werden. Neben der Bereitschaft zur Teilnahme an Weiterbildungsveranstaltungen wird aber auch erwartet, dass sich die Mitarbeiter selbstständig über Veränderungen informieren.

Hochschulabsolventen wird generell zugetraut, dass sie in der Lage sind, sich neues Fachwissen anzueignen. Ob Absolventen aber auch nach dem Studienabschluss noch bereit sind, sich das für ihr Berufsfeld aktuelle Wissen zu erschließen, oder ob mit dem Erhalt der Abschlussurkunde jegliche Lernbereitschaft erloschen ist, ist für ein Unternehmen schwieriger einzuschätzen. Absolventen, die im Vorstellungsgespräch vermitteln können, dass sie sich während des Studiums freiwillig Inhalte erschlossen haben, die über den Pflichtstoff hinausgehen, suggerieren der Unternehmensseite, dass sie auch am zukünftigen Arbeitsplatz lernbereit bleiben.

Strukturiertes, zielorientiertes Arbeiten ist gefragt

Analytisches Denken Analytisches Denken ist die Fähigkeit, komplexe Zusammenhänge in Teilschritte zergliedern zu können. Diese Fähigkeit spielt im zukünftigen beruflichen Alltag von Hochschulabsolventen eine große Rolle. Zum einen müssen sie in der Lage sein, berufliche Aufgaben so zu strukturieren, dass Teilprobleme zu beherrschen und zu lösen sind. Zum anderen müssen sie Teilergebnisse so verwerten, dass das Gesamtziel erreicht wird.

Gerade beim Führungsnachwuchs ist das analytische Denken auch als Methode der ergebnisorientierten Menschenführung gefragt. Wer später Teams oder Projektgruppen leiten will, muss über die Grundfertigkeit verfügen, berufliche Aufgaben für die einzelnen Gruppenmitglieder so zu strukturieren, dass über die Lösung von Teilprojekten letztendlich das gesamte Projekt erfolgreich bewältigt wird.

Ob angehende Fachkraft oder Führungskraft: Ohne analytisches Denken bei der Zielverfolgung lassen sich anspruchsvolle berufliche Aufgaben nicht erfüllen. Es kommt für Sie im Vorstellungsgespräch darauf an, anhand von Beispielen zu erläutern, dass Sie Aufgaben strukturiert bewältigen können.

Leistungsbereitschaft Interessante Einstiegspositionen für Hochschulabsolventen sind fachlich anspruchsvoll, bieten Aufstiegs- und Karrierechancen und werden von den Unternehmen entsprechend finanziell honoriert. Deshalb müssen Sie im Vorstellungsgespräch die Befürchtungen der Unternehmen entkräften, diese Positionen an Absolventen zu vergeben, deren Bereitschaft zur (Gegen-)Leistung mit dem Ende der Probezeit erschöpft ist.

Die Fähigkeit zur Selbstmotivation

Die Leistungsbereitschaft steht in direktem Zusammenhang mit der Fähigkeit zur Selbstmotivation. Daher überprüfen Personalverantwortliche im Vorstellungsgespräch, welche Ziele sich die Absolventen innerhalb und außerhalb des Studiums gesteckt haben und wie sie auf Rückschläge reagiert haben. Wer anhand von berufsbezogenen Beispielen aus Praktika oder Projekten zeigen kann, wie er auf Ziele hingearbeitet und sie schließlich erreicht hat, veranschaulicht am besten die geforderte Leistungsbereitschaft.

Überprüfung persönlicher Fähigkeiten

Unternehmen legen bei der Ausschreibung einer Stelle die ihrer Meinung nach unverzichtbaren persönlichen Fähigkeiten für die Ausübung des Berufs fest. Bei der Auswertung von Bewerbungen liegt die Schwierigkeit darin, dass sich persönliche Fähigkeiten nicht so leicht erfassen und in Noten ausdrücken lassen wie Fachkenntnisse. In Schul- und Ausbildungszeugnissen gibt es keine Noten für Flexibilität, Kreativität oder Teamfähigkeit. Deswegen liegt der Schwerpunkt in Vorstellungsgesprächen auf der Überprüfung der persönlichen Fähigkeiten. Eine der wesentlichen Aufgaben von Personalabteilungen ist es, diejenigen Bewerberinnen und Bewerber, die über die gewünschten persönlichen Fähigkeiten verfügen, von denen zu unterscheiden, die dies nur behaupten.

Persönliche Fähigkeiten müssen überzeugend belegt werden

Wir werden Ihnen in diesem Ratgeber zeigen, wie Sie gegenüber Unternehmen die gefragten persönlichen Fähigkeiten überzeugend belegen. Den meisten Hochschulabsolventinnen und Hochschulabsolventen ist inzwischen klar, dass bestimmte persönliche Fähigkeiten von ihnen erwartet werden. Deshalb werden Personalverantwortliche in Vorstellungsgesprächen immer wieder mit Worthülsen überschüttet, die persönliche Fähigkeiten belegen sollen. Fast alle Absolventen charakterisieren sich im Vorstellungsgespräch als »hochmotiviert, kreativ und teamfähig«.

Das Herumwerfen mit abstrakten Formulierungen erinnert unangenehm an die Kontaktanzeigen in Singlebörsen oder Stadtmagazinen: Jeder Zweite beschreibt sich dort als spontan, witzig oder ausgeflippt. Aber man wird das Gefühl nicht los, dass all diese tollen Typen am liebsten mit Chips und Bier vorm Fernseher hocken.

Konkrete Situationen und Beispiele darstellen

Aus diesem Grund sind Personalverantwortliche sehr skeptisch, wenn sich Hochschulabsolventen mit abstrakten Begriffen beschreiben, sie aber nicht mit konkreten Beispielen inhaltlich belegen. Arbeiten Sie bei der Darstellung Ihrer persönlichen Fähigkeiten immer mit Beispielen. Verzichten Sie auf abstrakte Formulierungen. Wenn Sie Ihre persönlichen Fähigkeiten anhand von konkreten Situationen darstellen, gelingt den Personalverantwortlichen von selbst die Zuordnung Ihres Verhaltens zu einer Anforderungsdimension aus dem Bereich der persönlichen Fähigkeiten.

Bereiten Sie sich auf Vorstellungsgespräche vor, indem Sie anhand unserer Beispiele und Übungen trainieren, gefragte persönliche Fähigkeiten anhand von Beispielen darzustellen.

Praxisnähe durch Jobs, Praktika und Studenteninitiativen

Für die sieben gefragten persönlichen Fähigkeiten Kundenorientierung, Teamarbeit, selbstständiges Arbeiten, Belastungsfähigkeit, Lernbereitschaft, analytisches Denken und Leistungsbereitschaft müssen Sie in jedem Fall Belege finden. Diese sollten Situationen aus Praktika, Jobs, Studenteninitiativen sein, die zudem Ihre Praxisnähe dokumentieren. Wir wissen aus unseren Beratungen, dass dies durchaus allen Hochschulabsolventinnen und Hochschulabsolventen möglich ist.

Unser Beispiel »Praktikum bei einer Unternehmensberatung« verdeutlicht Ihnen, dass sich in Praktika viele Belege für persönliche Fähigkeiten finden lassen.

BEISPIEL

Praktikum bei einer Unternehmensberatung

Eine Studentin, die ein Praktikum in einer Unternehmensberatung gemacht hat, kann mit diesem Praktikum die sieben wichtigsten persönlichen Fähigkeiten dokumentieren:

Kundenorientierung

Beleg 1: Kunden in interner Kommunikation beraten
Beleg 2: Ausrichtung der Maßnahmen auf die vom Kunden gewünschte Veränderung

→ FORTSETZUNG AUF DER NÄCHSTEN SEITE

Teamarbeit und Projektarbeit

Beleg 1: Arbeit im Projektteam
Beleg 2: Zusammenarbeit mit Spezialisten aus der Firma

Selbstständiges Arbeiten

Beleg 1: Analyse von Geschäftsprozessen
Beleg 2: Berichterstellung

Belastungs- und Kritikfähigkeit

Beleg 1: Starke Arbeitsbelastung wegen Terminvorgaben und kurzfristiger Einarbeitung
Beleg 2: Abgleich der Interessen der Firmenmitarbeiter und der Geschäftsführung

Lernbereitschaft

Beleg 1: In die Firmensoftware eingearbeitet
Beleg 2: In Firmenabläufe eingearbeitet

Analytisches Denken

Beleg 1: Geschäftsprozesse analysiert
Beleg 2: Anpassung der vorgeschlagenen Veränderungen an die Firmenrealität

Leistungsbereitschaft

Beleg 1: Starke Arbeitsbelastung wegen Terminvorgaben
Beleg 2: Durchsicht von Firmenunterlagen am Feierabend und am Wochenende

Mehrere Fähigkeiten gleichzeitig belegen

Finden auch Sie aussagekräftige Belege dafür, dass Sie über die sieben wesentlichen persönlichen Fähigkeiten verfügen. Eine Tätigkeit aus einem Praktikum oder anderen berufsnahen Erfahrungen kann Ihnen dabei als Beleg für mehrere persönliche Fähigkeiten dienen. Wer, wie in unserem Beispiel, im Praktikum unter starkem Termindruck arbeiten musste, belegt damit gleichzeitig seine Belastungsfähigkeit und seine Leistungsbereitschaft. Die Analyse von Geschäftsprozessen macht sowohl die Fähigkeit zum selbstständigen Arbeiten als auch zum analytischen Denken deutlich.

Unterschiedliche Anforderungen

Die Bedeutung der sieben wichtigsten persönlichen Fähigkeiten variiert hinsichtlich des Berufsfeldes, der Branche und der Größe des Unternehmens. Die Kundenorientierung spielt im Marketing und Vertrieb natürlich eine größere Rolle als in der Konzernrevision. Die Belastungs- und Kritikfähigkeit ist beim Führungsnachwuchs wichtiger als bei Fachspezialisten. Trotzdem wird für alle Arbeitsfelder sowohl die generelle Kundenorientierung als auch die Belastungsfähigkeit zukünftiger Mitarbeiter gefordert. Gleiches gilt für die Teamfähigkeit, die Fähigkeit zum selbstständigen Arbeiten, die Lernbereitschaft, die Fähigkeit, analytisch zu denken, und die Leistungsbereitschaft.

Nun zu Ihnen: Machen Sie die nachfolgende Übung, damit auch Sie die gefragten persönlichen Fähigkeiten durch konkrete Situationen aus der Praxis belegen können. Orientieren Sie sich dazu an unserem Beispiel.

ÜBUNG

Der aussagekräftige Nachweis persönlicher Fähigkeiten

Überlegen Sie sich, in welchen beruflichen Zusammenhängen Ihre Kundenorientierung gefragt war, wann Sie mit anderen zusammengearbeitet haben, wo Sie selbstständig tätig waren, welche Belastungssituationen Sie bewältigt haben, bei welcher Gelegenheit Sie etwas Neues gelernt haben, wo Sie sich komplexe Themen Schritt für Schritt erschließen mussten und wo Sie überdurchschnittliches Engagement gezeigt haben.

Kundenorientierung

Beleg 1: ....

Beleg 2: ....

→ FORTSETZUNG AUF DER NÄCHSTEN SEITE

Mehr auf der CD in »Ihre Bewerbung«, Kapitel 5

Teamarbeit/Projektarbeit

Beleg 1: ....
Beleg 2: ....

Selbstständiges Arbeiten

Beleg 1: ....
Beleg 2: ....

Belastungs- und Kritikfähigkeit

Beleg 1: ....
Beleg 2: ....

Lernbereitschaft

Beleg 1: ....
Beleg 2: ....

Analytisches Denken

Beleg 1: ....
Beleg 2: ....

Leistungsbereitschaft

Beleg 1: ....
Beleg 2: ....

Verwenden Sie konkrete Beispiele

Die aussagekräftige Darstellung Ihrer persönlichen Fähigkeiten anhand von konkreten Beispielen ist im Vorstellungsgespräch besonders wichtig. Auf die in dieser Übung gefundenen Belege für persönliche Fähigkeiten werden Sie in der Ausarbeitung Ihrer Selbstpräsentation zurückgreifen.

Schema für Ihre Selbstpräsentation

Damit Sie eine Struktur haben, in die Sie die wichtigen Informationen über sich einarbeiten können, stellen wir Ihnen jetzt ein Schema vor, das Sie bei der Aufbereitung Ihrer Selbstpräsentation verwenden sollten.

Unvorbereitete Bewerber beginnen ihre Selbstpräsentation üblicherweise mit den am weitesten zurückliegenden Ereignissen. Konventionelle Selbstdarstellungen laufen dann leider so ab: »Ich ging in meinem Heimatort zur Grundschule, dann wechselte ich aufs Gymnasium in die benachbarte Stadt, danach machte ich meinen Wehrdienst, dann studierte ich, meine Hobbys sind XXX.«

Lösen Sie sich vom chronologischen Aufbau

Dieser chronologische Aufbau ist langweilig und lässt zudem für Unternehmen wichtige Informationen außer Acht, zum Beispiel die für die Arbeit in der Einstiegsposition wichtigen Fakten. Allzu oft wird bei dieser Selbstdarstellung auch nur der Name des absolvierten Studienganges genannt. Nicht einmal die Schwerpunktbildung oder der Erwerb besonderer Kenntnisse wird herausgestellt. Personalverantwortliche erleben in Vorstellungsgesprächen leider häufig Selbstdarstellungen nach dem Muster: »Sie suchen eine Betriebswirtin, ich habe Betriebswirtschaft studiert, was soll es noch groß zu klären geben?« Mit dieser Selbstpräsentation wird das individuelle Bewerberprofil nicht deutlich. Es wird nicht klar, warum der Absolvent für die Einstiegsposition geeignet ist.

Ihr Bezug zur ausgeschriebenen Stelle

Sie sollten Ihre Selbstpräsentation so aufbauen, dass der Bezug zur ausgeschriebenen Stelle deutlich wird. Das bedeutet für Sie, dass Sie zuerst berufsnahe Erfahrungen darstellen sollten, da dies der beste Beleg dafür ist, dass Sie auch die Aufgaben in Ihrer Einstiegsposition in den Griff bekommen können. Praktika, Projektarbeiten, Werkstudententätigkeiten oder die Zusammenarbeit mit einer Firma während der Abschlussarbeit sind für potenzielle Arbeitgeber besonders wichtig.

Beginnen Sie daher Ihre Selbstpräsentation nicht mit Ihrem Studium oder womöglich Ihrer Schulzeit. Stellen Sie Ihre berufsnahen Erfahrungen aus der Praxis in den Vordergrund. Erst danach gehen Sie auf Ihr Studium ein und liefern am Ende Ihrer Selbstpräsentation für die Einstiegsposition wichtige Zusatzqualifikationen.

Orientieren Sie sich bei der Erstellung Ihrer Selbstpräsentation an dem von uns aus unserer Beratungspraxis entwickelten Schema:

- → **Stellen Sie Ihre erste Berufserfahrung aus Praktika, Projektarbeiten, Werkstudententätigkeiten oder aus der Abschlussarbeit an den Anfang Ihrer Selbstpräsentation.**
- → **Heben Sie die Tätigkeiten hervor, die einen Bezug zur Einstiegsposition haben.**
- → **Erläutern Sie Ihre Schwerpunktbildung im Studium. Machen Sie klar, welche Zusatzqualifikationen Sie mitbringen.**

Detaillierte Darstellung wahrgenommener Tätigkeiten

Die erste Berufserfahrung Sie sollten Ihre Selbstpräsentation mit der Darstellung von Aufgaben beginnen, die Sie in einem berufsnahen Kontext übernommen haben. Führen Sie nicht nur auf, dass Sie über erste berufliche Erfahrung verfügen, sondern stellen Sie detailliert die von Ihnen wahrgenommenen Tätigkeiten dar.

BEISPIEL

Die erste Berufserfahrung

Hochschulabsolventinnen und Hochschulabsolventen geben ihre ersten beruflichen Erfahrungen gerne formal und in einem abwertenden Ton an: »Ich habe Praktika gemacht, um erste berufliche Erfahrungen zu sammeln.« Oder: »In meinen Praktika habe ich erste Einblicke gewonnen.«

Die in einem Praktikum kennen gelernten Aufgaben und die dazugehörigen Tätigkeiten gehen bei einer derart oberflächlichen Darstellung leider unter. Besser wäre diese Formulierung:

»Ich habe bereits erste Aufgaben im Marketing wahrgenommen. Für die Entwicklung einer neuen Dienstleistung habe ich Marktanalysen erstellt, Wettbewerbervergleiche durchgeführt und an der Konzeption einer Markteinführungsstrategie mitgearbeitet.«

An dem Beispiel sehen Sie, dass Sie formale Angaben besser durch inhaltliche Aussagen ersetzen sollten. Statt zu erwähnen, dass Sie ein Praktikum absolviert haben, sollten Sie lieber die übernommenen beruflichen Tätigkeiten herausstellen.

Der Bezug zur Einstiegsposition Die Tätigkeiten, die die größte Nähe zur Einstiegsposition haben, sollten Sie ausführlicher darstellen. Für Sie als Berufseinsteiger ist es wichtig nachzuweisen, dass Sie im Tagesgeschäft bestehen können. Geben Sie ruhig Routineaufgaben an. Wenn Sie an Projekten teilgenommen oder Sonderaufgaben bewältigt haben, sind dies wichtige Punkte, an denen Sie Ihre persönlichen Fähigkeiten deutlich machen sollten.

BEISPIEL

Bezug zur Einstiegsposition herstellen

»Für eine Tätigkeit im Marketing bringe ich erste Praxiserfahrung und gute Kenntnisse in der Erstellung von Statistiken und Präsentationen mit. In meinem Praktikum habe ich Marktanalysen durchgeführt, Verkaufsstatistiken erstellt und bei der Entwicklung eines Marketingplanes mitgearbeitet.«

Studium und Zusatzqualifikationen Wenn Sie durch eine geeignete Schwerpunktbildung im Studium für die Einstiegsposition wichtige Kenntnisse erworben haben, sollten Sie diese auch hervorheben. Erläutern Sie, was Sie im Studium besonders interessiert hat, in welchem Bereich Sie vertiefende Seminare belegt haben und welche Kenntnisse Sie sich selbst angeeignet haben.

BEISPIEL

Schwerpunktbildung im Studium

»In meinem Studium des Maschinenbaus habe ich den Schwerpunkt auf den Bereich Konstruktion gelegt. Ich habe mich mit 2D- und 3D-CAD-Systemen vertraut gemacht und meine Kenntnisse in der objektorientierten Programmierung vertieft.«

BEISPIEL

Zusatzqualifikationen

»Der sichere Umgang mit dem MS-Office-Softwarepaket ist mir vertraut. Ich spreche verhandlungssicher Englisch und verfüge über gute Spanischkenntnisse.«

Die drei vorgestellten Elemente der Selbstpräsentation müssen Sie jetzt noch zu einer Einheit zusammenfügen. Dabei hilft Ihnen die folgende Übung.

ÜBUNG

Der Aufbau der Selbstpräsentation

Lernen Sie, Ihre Selbstdarstellung richtig aufzubauen. Entwickeln Sie Ihre Selbstpräsentation anhand unseres Schemas:

→ Erste Erfahrungen in (späterer Tätigkeitsbereich) konnte ich bei der ABC GmbH sammeln. Zu meinen Aufgaben gehörte dort (Aufgabe 1), (Aufgabe 2) und (Aufgabe 3).
→ Ich habe (Tätigkeit 1) gemacht, (Tätigkeit 2) übernommen und bei (Tätigkeit 3) mitgearbeitet. An dem Projekt XYZ habe ich teilgenommen. In meiner Abschlussarbeit habe ich für die DEF AG eine Untersuchung zum Thema (allgemeinverständliche Version des Titels der Abschlussarbeit) durchgeführt.
→ In meinem Studium habe ich besonders den Schwerpunkt ABC ausgebaut, als Zusatzkenntnisse bringe ich gute Kenntnisse in/der XYZ mit.

Präsentieren Sie sich Ihrem ersten Arbeitgeber, indem Sie die für die Einstiegsposition wichtigsten Kenntnisse und Fähigkeiten hervorheben. Machen Sie den roten Faden in Ihrer Entwicklung deutlich.

Der richtige Ton in der Selbstdarstellung

Die Werbung in eigener Sache fällt allen Bewerbern naturgemäß schwer. Dies liegt daran, dass die Abstufungen zwischen

Überheblichkeit und übertriebener Selbstdarstellung auf der einen Seite und Unterwürfigkeit und Graue-Maus-Image auf der anderen Seite sprachlich schwer in den Griff zu bekommen sind. Es ist schwierig, den richtigen Ton für die Darstellung der eigenen Person zu finden.

Wir werden Ihnen im Folgenden anhand von zwei Negativbeispielen die häufigsten Fehler aufzeigen, die in Selbstpräsentationen gemacht werden. Im Anschluss daran liefern wir Ihnen zwei Positivbeispiele, die wir anhand unseres Schemas aufgebaut haben. Bezogen auf diese Positivbeispiele werden wir Ihnen auch die wichtigsten Überzeugungsregeln nahebringen, damit Sie sich Ihre eigene Selbstpräsentation erarbeiten können.

Fehler in der Selbstpräsentation

Wie Sie inhaltliche Fehler vermeiden können

Aus unseren Kontakten zu Personalverantwortlichen und Personalberatungen und aus unserer eigenen Praxis wissen wir, dass bei der Selbstdarstellung von Hochschulabsolventinnen und Hochschulabsolventen in Vorstellungsgesprächen immer die gleichen Fehler gemacht werden. Damit Sie diese bei der inhaltlichen Ausgestaltung Ihrer Selbstpräsentation vermeiden, zeigen wir Ihnen jetzt zwei Beispiele für misslungene Selbstpräsentationen. So sollten Sie es nicht machen. Sie können es besser!

Misslungene Selbstpräsentationen

In einem unserer Workshops zur Vorbereitung auf Bewerbungsgespräche brachten zwei Teilnehmer die folgenden Stellenprofile mit, auf die sie sich beworben hatten. Als Negativbeispiele stellen wir Ihnen die Selbstpräsentationen vor, die ohne Vorbereitung von den beiden Teilnehmern geliefert wurden.

Die Zahlen, die wir vergeben haben, weisen auf die Art des Fehlers hin. Erläuterungen zu den Fehlern finden Sie im Anschluss an die beiden Negativbeispiele.

→ FORTSETZUNG AUF DER NÄCHSTEN SEITE

Trainee Marketing/Vertrieb

Ihre Aufgaben: Während Ihres 20-monatigen Trainee-Programms werden Sie im Wesentlichen in Kernbereichen des Marketings und des Vertriebs tätig sein. Durch aktive Einbindung und Verantwortungsübernahme in Projekten, begleitet durch fachübergreifende Fortbildungsmaßnahmen, bieten wir Ihnen einen attraktiven Berufseinstieg, durch den Sie sich die Basis für die Übernahme von qualifizierten Tätigkeiten im Marketing und Vertrieb eines marktführenden Unternehmens erarbeiten.

Ihr Profil: Sie entsprechen unseren Vorstellungen, wenn Sie über ein Hochschulstudium und erste praktische Erfahrungen in Marketing oder Vertrieb, beispielsweise erworben durch berufsbezogene Praktika oder eine kaufmännische Ausbildung, verfügen. Persönlich überzeugen Sie durch sicheres Auftreten, Lernbereitschaft, Kreativität und Durchsetzungsvermögen.

Selbstpräsentation 1

»Ich möchte im Marketing arbeiten. Die Möglichkeit, meine Kreativität einbringen zu können, finde ich sehr reizvoll. ❶, ❷ Ich habe mein Studium bereits abgeschlossen und möchte jetzt in das Berufsleben einsteigen. ❷,❸

Betriebswirtschaft habe ich nicht studiert, weil ich mich in meinem Magisterstudium freier entfalten konnte. ❼ Mein beiliegendes Abschlusszeugnis ist leider nicht besonders gut, aber das liegt daran, dass die Anforderungen an unserer Universität zu abstrakt waren. ❸,❼ Im künstlerischen Bereich habe ich mich weitergebildet und glaube, behaupten zu können, dass meine kreativen Fähigkeiten auch höchsten Ansprüchen genügen. ❶,❷

Ich verfüge über eine hohe Leistungs- und Lernbereitschaft und bin teamfähig, kreativ, flexibel und motiviert.« ❹

Für unser Team suchen wir zum nächstmöglichen Zeitpunkt eine/n

Referent/in Öffentlichkeitsarbeit

Typisch für uns sind dezentrale Organisation, hohe Eigenverantwortlichkeit und Entscheidungsfreiheit der Mitarbeiter, intensive Mitarbeiterförderung, flexible Arbeitszeitregelung und attraktive Mitarbeiterbeteiligung.

Sie haben ein Hoch- oder Fachhochschulstudium abgeschlossen und bereits erste Erfahrungen in der Öffentlichkeitsarbeit eines Wirtschaftsunternehmens gesammelt. Hierbei waren Sie auch mit dem Kontakt zu den Medien befasst. Sie können Pressetexte verfassen und Fachinformationen aus unterschiedlichen Themenbereichen kreativ umsetzen.

Ihre Tätigkeiten erstrecken sich auf das gesamte Gebiet der Presse- und Öffentlichkeitsarbeit in Zusammenarbeit mit unserer PR-Agentur.

Sie sollten bereit sein, auch Aufgaben aus benachbarten Arbeitsbereichen mit zu übernehmen. Sie werden dem für Öffentlichkeitsarbeit zuständigen Mitglied der Geschäftsführung zugeordnet.

Flexibilität und ein hohes Maß an Kommunikationsfähigkeit nach innen und außen setzen wir voraus. Sie beherrschen Englisch in Wort und Schrift sowie den Umgang mit MS-Office-Anwendungen.

Selbstpräsentation 2

»Die Stelle interessiert mich sehr. Da ich bereits an einer Schülerzeitung mitgearbeitet habe, bin ich mit dem Schreiben vertraut. ❶
Die flexible Arbeitszeitregelung reizt mich, da ich eigentlich nur halbtags arbeiten möchte. ❸ Ich habe mich immer sehr für Presse, Funk und Fernsehen interessiert. ❶,❷ Durch mein

→ FORTSETZUNG AUF DER NÄCHSTEN SEITE

Studium der Volkswirtschaft biete ich für eine Mitarbeit die besten Voraussetzungen. ❻ Computer sind für mich kein Buch mit sieben Siegeln. ❷,❺
Aus persönlichen Gründen möchte ich gern im Raum Hamburg arbeiten. ❸
Ich arbeite zielorientiert und flexibel.❹ Ich bin ein Mensch, der nicht ungeduldig wird und nicht so schnell aufgibt.« ❺

Die beiden Negativbeispiele enthalten Fehler, die Sie bei der Erstellung Ihrer Selbstpräsentation vermeiden können:

Fehler ❶: Anforderungen werden nicht erkannt und belegt
Fehler ❷: Profillosigkeit
Fehler ❸: Kontraproduktive Ehrlichkeit
Fehler ❹: Leerfloskeln für persönliche Fähigkeiten
Fehler ❺: Nicht- und Negativ-Formulierungen
Fehler ❻: Übertriebene positive Selbstbewertung
Fehler ❼: Selbstanklage

Gehen Sie auf die Anforderungen des Unternehmens ein

Fehler ❶: *Anforderungen werden nicht erkannt und belegt:* Absolventen sammeln im Vorstellungsgespräch Minuspunkte, wenn sie nicht auf die Anforderungen der Unternehmen eingehen.

Im Beispiel 1 ist der allgemeine Hinweis auf kreative Fähigkeiten als Begründung für die Aufnahme einer Tätigkeit als Trainee Marketing/Vertrieb nicht überzeugend. Auf die weiteren Anforderungen des Stellenprofils geht der Absolvent ebenfalls nicht ein. Die verlangte erste praktische Erfahrung im Berufsfeld Marketing/Vertrieb mit der dazugehörigen kaufmännischen Ausrichtung greift der Bewerber ebenfalls nicht auf.

Die Bewerberin aus dem Beispiel 2 erklärt, dass die Tätigkeit als Referentin Öffentlichkeitsarbeit sie sehr interessiert und dass sie bereits an der Schülerzeitung mitgearbeitet hat. Das bloße Bekunden von Interesse an einer Stelle überzeugt Personalverantwortliche jedoch nicht. Die Bewerberin geht nicht auf die zum Anforderungsprofil Referentin Öffentlichkeitsarbeit gehörenden einzelnen Tätigkeiten ein und liefert nur einen, allerdings berufsfernen, Beleg.

Zeigen Sie, warum Sie sich für eine bestimmte Position interessieren

Fehler ❷: *Profillosigkeit:* Personalverantwortliche suchen Berufseinsteiger, die aus der Masse ihrer Mitbewerber herausragen. Ziellos operierende Kandidaten, die sich wie im Beispiel 1 weniger für die einzelnen Aufgaben der zu vergebenden Position interessieren, sondern nur angeben, dass sie »ein Studium abgeschlossen haben und jetzt in das Berufsleben einsteigen möchten«, können mit dieser vagen Aussage bei Personalverantwortlichen kein Interesse erregen.

Im Beispiel 2 ist der Hinweis »habe mich immer sehr für Presse, Funk und Fernsehen interessiert« zu allgemein. Die Profillosigkeit der Bewerberin setzt sich fort, wenn sie erklärt, dass für sie »Computer kein Buch mit sieben Siegeln sind«. Spezielle PC-Kenntnisse, die für die Tätigkeit Referentin Öffentlichkeitsarbeit nützlich sind, werden von ihr nicht genannt.

Beide Absolventen argumentieren zu wenig von den zu vergebenden Positionen und deren Anforderungen her. Es entsteht ein Bild von durchschnittlichen und orientierungslosen Kandidaten, die auf der Suche nach irgendeinem Job in irgendeinem Unternehmen sind.

Fehler ❸: *Kontraproduktive Ehrlichkeit:* Im Bewerbungsverfahren ist die Ehrlichkeit der Bewerber immer dann kontraproduktiv, wenn sie – ohne dazu verpflichtet zu sein – Dinge aussprechen, mit denen sie sich selbst in ein ungünstiges Licht setzen.

Die Erklärung, dass die Noten im Abschlusszeugnis wegen der zu hohen Anforderungen der Universität so schlecht seien (Beispiel 1), lässt den Bewerber als Kandidaten erscheinen, der bei Problemen immer auf »die anderen« als Schuldige verweist.

Unaufgeforderte Ehrlichkeit kann schaden

Die Formulierung im Beispiel 2, »aus persönlichen Gründen möchte ich im Raum Hamburg arbeiten«, ist bei weiblichen Bewerbern grundsätzlich problematisch. Personalverantwortliche gehen dann davon aus, dass bestehende zwischenmenschliche Beziehungen für die Bewerberin einen größeren Wert haben als die Bindung zum Arbeitgeber. Als Schlussfolgerung stellt sich automatisch ein: Wechselt der Partner der Bewerberin in eine andere Region, verlieren wir eine Mitarbeiterin.

Fehler ❹: *Leerfloskeln für persönliche Fähigkeiten:* Die bloße Aufzählung von Begriffen aus dem Bereich persönliche Fähigkeiten ist ein typischer Fehler von Bewerbern. Ohne Beispiele und Belege sind die verwendeten Begriffe »kreativ«, »flexibel«, »zielorientiert« und »motiviert« nicht aussagekräftig.

Machen Sie positive Aussagen

Fehler ❺: *Nicht- und Negativ-Formulierungen:* Formulierungen wie »Ich bin ein Mensch, der nicht ungeduldig wird und nicht so schnell aufgibt« (Beispiel 2) verwirren den Zuhörer. Er muss für sich übersetzen, was Sie eigentlich sagen wollen. Zuerst hört er nur die negativen Aussagen »bin ungeduldig« und »gebe schnell auf«, die er dann noch einmal für sich in positive Eigenschaften verwandeln müsste. Dies gelingt oft nicht. Um Ihnen diese Problematik zu verdeutlichen, finden Sie im Folgenden Beispiele und Übungen, damit Ihnen dieser Fehler in Vorstellungsgesprächen nicht unterläuft.

BEISPIEL

Nicht-Formulierungen und die daraus resultierenden Missverständnisse

Wenn eine Bewerberin im Vorstellungsgespräch die Nicht-Formulierung »Ich ziehe mich bei Konflikten nicht zurück« benutzt, muss eine Personalverantwortliche diese Aussage aus kommunikationspsychologischer Sicht in zwei Schritten nachvollziehen, um sie für sich verständlich zu machen.

Erstens: Die Bewerberin zieht sich bei Konflikten zurück.
Zweitens: Nein, das tut sie nicht.

Selbst wenn die Personalverantwortliche es schafft, den zweiten Verständnisschritt zu tun, wird die eigentlich von der Bewerberin gemeinte Aussage »Ich bin in der Lage, mich Konflikten zu stellen und unangenehme Situationen aufzulösen« nicht deutlich. Es kann aber auch vorkommen, dass der zweite Schritt unter den Tisch fällt, dann steht ausschließlich die negative Selbstbeschreibung im Raum.

Hier noch ein Beispiel in Kurzform:
Ungeeignete Nicht-Formulierung eines Bewerbers: »Ich werde nicht schnell aufbrausend.« Die zwei Übersetzungsschritte des Personalverantwortlichen:

Erstens: Der Bewerber wird schnell aufbrausend.
Zweitens: Nein, das wird er nicht.

Gemeinte Aussage des Bewerbers: »Ich bleibe auch unter Druck gelassen.«

Vermeiden Sie es, sich selbst mit Aussagen zu beschreiben, die negativ verstanden werden können. Formulieren Sie eindeutig und positiv. Trainieren Sie anhand der folgenden Übung, Nicht-Formulierungen in eindeutige und positive Formulierungen umzusetzen.

Formulieren Sie eindeutig und positiv

ÜBUNG

Überzeugend formulieren

Suchen Sie für die folgenden Nicht-Formulierungen Aussagen, die eindeutig und positiv sind.

»Ich drücke mich nicht vor komplizierten Aufgaben.«

Ihre positive Umformulierung: ....

....

»Große Arbeitsbelastungen sind kein Problem für mich.«

Ihre positive Umformulierung: ....

....

»Die Arbeit im Team stellt mich nicht vor schwerwiegende Probleme.«

Ihre positive Umformulierung: ....

....

»Mit meinen Dozenten habe ich keinen Streit gehabt.«

Ihre positive Umformulierung: ....

....

→ FORTSETZUNG AUF DER NÄCHSTEN SEITE

»Unter Zeitdruck verliere ich nicht die Nerven.«

Ihre positive Umformulierung: ....

....

»Ich habe keine Schwierigkeiten damit, mit Laien richtig umzugehen.«

Ihre positive Umformulierung: ....

....

Für Vorstellungsgespräche sollten Sie lernen, auf Nicht- und Negativ-Formulierungen zu verzichten. Beschreiben Sie sich lieber positiv und damit eindeutig. Unsere Bewerberin aus dem Negativbeispiel 2 sollte in ihrer Selbstpräsentation auf die Formulierung »Ich bin ein Mensch, der nicht ungeduldig wird und nicht so schnell aufgibt« verzichten und stattdessen passender formulieren: »Ich behalte bei der Lösung von anspruchsvollen Aufgaben stets meine Gelassenheit und bin ausdauernd, wenn es darum geht, Ziele zu erreichen«.

Eine überzogene Selbstdarstellung fordert zu Einwänden heraus

Fehler ❻: *Übertriebene positive Selbstbewertung:* Vorsicht mit zu positiven Bewertungen: Wenn Sie Ihre fachlichen Kenntnisse und Ihre persönlichen Fähigkeiten zu sehr loben, provozieren Sie Ihre Zuhörer, die Gegenposition einzunehmen. Dann wollen diese Ihnen nur noch zeigen, dass Sie sich irren.

Formulierungen wie »Durch mein Studium biete ich für eine Mitarbeit die besten Voraussetzungen« (Beispiel 2) oder »Ich glaube, dass ich der Richtige für Sie bin«, »Ich bin der Beste für diese Stelle!«, »Sie können aufhören zu suchen, nehmen Sie mich!« oder »Ich bin mir ganz sicher, dass ich für diese Position optimal geeignet bin!« dürfen deshalb in Ihrer Selbstpräsentation auf keinen Fall vorkommen.

Personalverantwortliche, die derartige Selbstbewertungen hören, finden es überhaupt nicht witzig, dass man ihnen die Arbeit der Kandidatensuche abnehmen will. Sie fühlen sich durch jede übertrieben positive Selbstbewertung von Bewerbern herausgefordert, besonders gründlich nach den Einwänden zu suchen, die gegen den Bewerber sprechen.

Betonen Sie lieber Kenntnisse und Fähigkeiten

Fehler ❼: *Selbstanklage:* Niemand wird eingestellt, weil er etwas nicht oder besonders schlecht kann. Vor Gericht wie im Bewerbungsverfahren gilt: Es besteht keine Selbstanklagepflicht. Wer auf ein schlechtes Abschlusszeugnis hinweist (Beispiel 1), macht es sich unnötig schwer. Die Kunst der Selbstdarstellung besteht darin zu zeigen, was man für die Einstiegsposition an Kenntnissen und Fähigkeiten mitbringt, und nicht darin aufzuzählen, wo man bei sich selbst Schwächen sieht.

Mit den typischen Fehlern bei der Werbung in eigener Sache haben wir Sie vertraut gemacht, jetzt zeigen wir Ihnen, mit welchen Überzeugungstechniken Sie es besser machen.

Überzeugungsregeln für Ihre Selbstpräsentation

Wie Sie wirklich überzeugen können

Zur Erinnerung: »Warum ich in Ihrer Firma als XYZ einsteigen will!« ist das Thema Ihrer Selbstpräsentation. Sie sollten in drei Minuten plausibel beantworten können, was Sie von anderen Absolventen unterscheidet und warum das Unternehmen gerade Sie einstellen sollte. Bevor wir Ihnen Regeln und Tipps für Ihre Überzeugungsarbeit an die Hand geben, möchten wir Ihnen zwei gelungene Selbstpräsentationen vorstellen. Unsere zwei Positivbeispiele beziehen sich genauso wie die vorherigen Negativbeispiele auf die Positionen Trainee Marketing/Vertrieb und Referent/in Öffentlichkeitsarbeit.

Gelungene Selbstpräsentationen

Die beiden überzeugenden Selbstpräsentationen, die wir Ihnen jetzt vorstellen, erarbeiteten sich unsere Workshop-Teilnehmer nach einer Analyse ihres bisherigen Werdegangs und unter Berücksichtigung unserer Überzeugungsregeln. Die Zahlen, die wir vergeben haben, weisen auf die eingesetzte Überzeugungstechnik hin. Die Erläuterungen dazu finden Sie im Anschluss an die beiden Positivbeispiele.

→ FORTSETZUNG AUF DER NÄCHSTEN SEITE

Selbstpräsentation 1

»Ich verfüge über erste praktische Erfahrungen im Marketing, habe bereits Projekterfahrung gesammelt und mich auch über die Studieninhalte hinaus mit Marketinginstrumenten auseinandergesetzt. ❶, ❷

In meinem Praktikum in der Marketingabteilung der Elegance GmbH habe ich die Markteinführung einer neuen Produktserie begleitet. ❺ Zu meinen Aufgaben gehörte neben der Betreuung von Datenbanken auch die Koordination der Zusammenarbeit mit Werbeagenturen. ❶, ❸, ❺ Weiter habe ich in der Projektgruppe zur Entwicklung verkaufsfördernder Maßnahmen mitgearbeitet. ❹, ❻ Dort stand die Abstimmung zwischen Vertriebstätigkeit und den unterstützenden Marketingmaßnahmen im Mittelpunkt. ❹, ❻

Ich habe in den Fächern Betriebswirtschaft, Pädagogik und Soziologie im Frühjahr erfolgreich meine Magisterprüfung bestanden.

Um mich über das Studium hinaus mit der Marketingpraxis auseinanderzusetzen, habe ich Seminare bei der Direktmarketing-Akademie in Offenbach besucht. ❷ Ich bringe aus dem Studium gute Kenntnisse in empirischen Forschungsmethoden mit. Der Einsatz von PC-Tabellenkalkulationen und Datenbanken ist mir vertraut. ❶, ❸

Ich möchte meine ersten Praxiserfahrungen an der Schnittstelle von Marketing und Vertrieb einsetzen.«

Selbstpräsentation 2

»Erste Berufserfahrungen in der Öffentlichkeitsarbeit bringe ich mit. Ich habe bereits zielgruppenspezifische Pressetexte verfasst und Fachinformationen für unterschiedliche Medien aufbereitet. ❶, ❸

Als Assistentin des Geschäftsführers der Software GmbH & Co. KG habe ich neben dem Studium alle anfallenden Arbeiten der Presse- und Öffentlichkeitsarbeit erledigt. ❹, ❺ Dazu gehörte das Verfassen von Artikeln und Produktinformationen für Fachzeitschriften, Tageszeitungen und Stadtjournale. Ich habe auch Messeaktivitäten und den Bereich des Event-Marketing betreut. ❶, ❻

Durch meine Tätigkeit für die Software GmbH & Co. KG verfüge ich über einen guten Einblick in betriebliche Abläufe und das Tagesgeschäft in der Öffentlichkeitsarbeit. ❸ Ich habe aktiv Informationen in den Fachabteilungen zusammengetragen und sowohl für eine Mitarbeiterzeitung als auch für Presse und Rundfunk aufbereitet. ❶, ❹

Ich beherrsche Englisch in Wort und Schrift sehr gut. Während eines Studiensemesters an der Columbia University/USA habe ich mich mit den Trends am amerikanischen Medienmarkt vertraut gemacht. ❷ Der Umgang mit MS-Office-Anwendungen ist mir vertraut. ❶

Mein Studium der Volkswirtschaft habe ich vor kurzem abgeschlossen und bin momentan als Kontakter in einer Werbeagentur tätig. ❷, ❺

Ich möchte meine ersten Berufserfahrungen in der Öffentlichkeitsarbeit und den angrenzenden Gebieten gerne für Sie im Medienzentrum Hamburg einsetzen.«

So überzeugen Sie

Unsere Positivbeispiele haben sicherlich auch bei Ihnen eine ganz andere Wirkung hinterlassen als die vorangegangenen Negativbeispiele. Damit auch Sie sich eine überzeugende Selbstpräsentation erarbeiten können, stellen wir Ihnen jetzt die Überzeugungsregeln vor, mit denen Sie Ihr Ziel erreichen:

Regel ❶: Anforderungen erkennen
Regel ❷: Aktivität zeigen
Regel ❸: Individuelles Profil darstellen
Regel ❹: Beispiele für persönliche Fähigkeiten geben
Regel ❺: Beschreiben statt bewerten
Regel ❻: Der Joker: Schlüsselbegriffe aus dem Tagesgeschäft benutzen

Regel ❶: *Anforderungen erkennen:* Die beiden Bewerber aus den Positivbeispielen zeigen, dass sie sich mit den Anforderungen, die an sie gestellt werden, auseinandergesetzt haben.

Zeigen Sie, dass Sie sich mit den Anforderungen auseinandergesetzt haben

Der Bewerber für die Position als Trainee Marketing/Vertrieb aus dem Beispiel 1 verweist auf seine Marketingkenntnisse aus Projekten und ergänzt diese Angaben durch den Hinweis auf seine Erfahrung in der Betreuung von Datenbanken und im Umgang mit Werbeagenturen. Abgerundet wird der gute Eindruck dieses Bewerbers durch seine Kenntnisse über empirische Forschungsmethoden und PC-Tabellenkalkulationen.

Die Bewerberin aus dem Beispiel 2 zeigt, dass sie weiß, was für die erfolgreiche Ausübung der Tätigkeit als Referentin Öffentlichkeitsarbeit gefragt ist. Sie beschreibt ihre fachliche Kompetenz mit Aussagen wie »Ich habe bereits zielgruppenspezifische Pressetexte verfasst und Fachinformationen für unterschiedliche Medien aufbereitet«, »Ich habe Messeaktivitäten und den Bereich des Event-Marketing betreut« und »Der Umgang mit MS-Office-Anwendungen ist mir vertraut«.

Regel ❷: *Aktivität zeigen:* Bewerber zeigen Aktivität, wenn sie Engagement über das übliche Maß hinaus entwickelt haben, um sich für neue Aufgaben zu qualifizieren.

Überdurchschnittliche Eigeninitiative

Der Bewerber aus dem Beispiel 1 verweist auf seine Beschäftigung mit Marketinginstrumenten über die Pflichtanforderungen des Studiums hinaus. Er hat Seminare bei einer Direktmarketing-Akademie besucht. Die Bewerberin aus dem Beispiel 2 verweist auf ihren Auslandsaufenthalt an einer US-amerikanischen Universität, wo sie sich mit dem dortigen Medienmarkt vertraut gemacht hat. Zusätzlich erklärt sie, dass sie zur Zeit einer Tätigkeit als Kontakterin einer Werbeagentur nachgeht.

Heben Sie Besonderes hervor

Regel ❸: *Individuelles Profil darstellen:* Von Profillosigkeit sprechen die Personalverantwortlichen immer dann, wenn es Absolventen nicht gelingt, aus der Masse ihrer Mitbewerber positiv herauszuragen. Aus unserer Erfahrung im Training und in der Beratung von Hochschulabsolventinnen und Hochschulabsolventen wissen wir, dass dies meist ein Problem der Darstellung von eigenen Kenntnissen und Fähigkeiten ist. Fast jede Absolventin und jeder Absolvent hat etwas Besonderes zu bieten, das sie beziehungsweise ihn von den Mitbewerbern unterscheidet.

So stellt der Bewerber aus dem Beispiel 1 heraus, dass er erfahren im Umgang mit Datenbanken ist und dass er diese Erfahrungen berufsfeldbezogen einsetzen kann. Die Bewerberin aus dem Beispiel 2 beschreibt, dass sie den Betriebsalltag im Bereich Presse- und Öffentlichkeitsarbeit kennt und bereits Pressetexte für unterschiedliche Adressaten verfasst und Fachinformationen aufbereitet hat.

Regel ❹: *Beispiele für persönliche Fähigkeiten geben:* Beide Bewerber vermeiden durch die Verwendung konkreter Beispiele den Fehler, einfach Leerfloskeln aufzuzählen, unter denen sich der Zuhörer nichts vorstellen kann.

Mit konkreten Beispielen überzeugen

Unser Bewerber für die Position als Trainee Marketing/Vertrieb zeigt, dass er über die persönlichen Fähigkeiten »sicheres Auftreten« und »Lernbereitschaft« verfügt, da er bereits die Zusammenarbeit mit Werbeagenturen koordiniert hat und freiwillig Seminare außerhalb der Universität besucht hat. Die geforderten Eigenschaften »Kreativität« und »Durchsetzungsvermögen« belegt er beispielhaft durch seine Mitarbeit in einer Projektgruppe zur Entwicklung verkaufsfördernder Maßnahmen und durch seine Erfahrungen in der Abstimmung von Vertriebs- und Marketingmaßnahmen.

Unsere Bewerberin für die Position Referentin Öffentlichkeitsarbeit gibt ebenfalls konkrete Beispiele für die verlangten persönlichen Fähigkeiten »Flexibilität« und »Kommunikationsfähigkeit«. Ihre Flexibilität wird erkennbar durch ihre Tätigkeit als Assistentin des Geschäftsführers, in der sie für alle Arbeiten rund um die Presse- und Öffentlichkeitsarbeit zuständig war. Ihre Kommunikationsfähigkeit wird an ihrem aktiven Zugehen auf die Fachabteilungen deutlich.

Füllen Sie Begriffe mit Leben

Regel ❺: *Beschreiben statt bewerten:* Durch die Verwendung der Überzeugungsregel »beschreiben statt bewerten« können Sie die Fehler »kontraproduktive Ehrlichkeit« und »Selbstanklage« vermeiden. Diese Überzeugungsregel hat außergewöhnlich große Wirkung, wenn sie richtig eingesetzt wird.

Mit ehrlichen Aussagen wie »In meinem Praktikum habe ich die meiste Zeit am Kopierer verbracht«, »Die Ergebnisse meiner Abschlussarbeit sind völlig überflüssig, weil zu diesem Thema schon alles gesagt wurde« oder »In der Firma, in der ich ein Praktikum gemacht habe, ging alles drunter und drüber, keiner hat mir etwas erklärt« kommen Sie bei der Erarbeitung Ihrer Selbstpräsentation und damit auf dem Weg zum ersten Arbeitsplatz nicht weiter.

Beschreiben Sie Ihre Tätigkeiten wertfrei

Die Strategie, die Sie vorwärts bringt, lautet: »Beschreiben statt bewerten«. Neutrale Beschreibungen haben Sie in den Positivbeispielen gelesen. Im Beispiel 1 heißt es: »... habe ich die Markteinführung einer neuen Produktserie begleitet« und »Zu meinen Aufgaben gehörte neben der Betreuung von Datenbanken auch die Koordination der Zusammenarbeit mit Werbeagenturen«. Die Bewerberin aus dem Beispiel 2 formuliert ebenfalls ohne Bewertungen: »... habe neben dem Studium alle anfallenden Arbeiten der Presse- und Öffentlichkeitsarbeit erledigt« und »... bin momentan als Kontakter in einer Werbeagentur tätig«.

Mit solchen sachlichen Formulierungen haben Sie bessere Chancen als mit Kritik am damaligen Arbeitsplatz, denn jede geäußerte Kritik würde immer erst auf Sie zurückfallen und nicht auf das Unternehmen oder das Institut, bei dem Sie in Praktika und Projektarbeiten Einblicke in den Berufsalltag bekommen haben. Üben Sie deshalb, Ihre Erlebnisse und Erfahrungen aus Praktika, Projekten, dem Studienalltag, Abschlussarbeiten und Nebentätigkeiten wertfrei zu beschreiben.

ÜBUNG

Beschreiben statt bewerten

Analysieren Sie Ihre Praktika und anderen praxisnahen Erfahrungen daraufhin, welche Tätigkeiten Sie kennen gelernt haben, an welchen Projekten Sie mitgearbeitet haben und welche Aufgaben Sie bearbeitet haben.

Üben Sie, die für die Einstiegsposition geeigneten Erfahrungen schlagwortartig und ohne Eigenbewertung aufzuzählen. Verwenden Sie dabei Formulierungen wie:

- »Ich habe .... gemacht.«
- »Ich habe .... organisiert.«
- »Ich war verantwortlich für ....«
- »Ich habe die Aufgaben eines .... wahrgenommen.«

→ »Ich habe an .... teilgenommen.«
→ »Die Beschäftigung mit ....
und .... ermöglichte es mir, auch umfassendere Aufgaben im Bereich ....
.... zu übernehmen.«
→ »Ich habe am Projekt .... mitgearbeitet.«
→ »Ich habe die Bereiche ....
und .... kennen gelernt.«
→ »In meiner Tätigkeit als .... habe ich
.... bearbeitet.«
→ »Ich verfüge über Kenntnisse in ....
und ....«
→ »Ich war für ....
und .... zuständig.«
→ »Ich habe als .... gearbeitet
und die Aufgaben .... und
.... übernommen.«

Mehr auf der CD in »Ihre Bewerbung«, Kapitel 5

Verwenden Sie sachlich beschreibende Formulierungen

Gewöhnen Sie sich daran, beschreibende Formulierungen ohne eigene Bewertungen einzusetzen, wenn Sie Ihre Erfahrungen aus praxis- und berufsnahen Aufgabengebieten darstellen. Jede Form der Bewertung der eigenen Leistung fordert Personalverantwortliche erst einmal zum Widerspruch heraus. Mit beschreibenden Formulierungen vermeiden Sie, dass eine Kampfstimmung zwischen Ihnen und Personalverantwortlichen entsteht. Die Aufgabe, Ihre Qualifikationen zu beurteilen und zu entscheiden, ob Sie für die ausgeschriebene Stelle geeignet sind, lassen sich Personalverantwortliche nicht abnehmen. Wenn Sie sich eine aussagekräftige Darstellung Ihres Qualifikationsprofils mit beschreibenden Formulierungen erarbeitet haben, sind Sie für Vorstellungsgespräche gerüstet.

Schlagworte, die Ihre Praxisnähe belegen können

Regel ❻: *Der Joker: Schlüsselbegriffe aus dem Tagesgeschäft benutzen:* Personalabteilungen bevorzugen immer Mitarbeiter, die wissen, was sie an ihrem zukünftigen Arbeitsplatz erwartet. Berufseinsteiger, die hier punkten wollen, müssen »Schlüsselbegriffe aus dem Tagesgeschäft« benutzen. Es geht darum, die Schlagworte zu finden und herauszustellen, die Ihre zukünftigen beruflichen Aufgaben kennzeichnen.

Der Bewerber aus dem Beispiel 1 verwendet die Schlagworte »Projektgruppe«, »verkaufsfördernde Maßnahmen«, »Vertriebstätigkeit« und »unterstützende Marketingmaßnahmen«. Die Bewerberin aus dem Beispiel 2 greift auf die Worte »Produktinformationen«, »Messeaktivitäten« und »Event-Marketing« zurück.

Wir alle reagieren auf bestimmte Schlüsselbegriffe und Schlagworte. Um nicht an Informationen zu ersticken, brauchen wir Strukturen, die uns dabei helfen, die Informationen einzuordnen. Dies gilt auch für Personalverantwortliche bei der Suche nach der richtigen Bewerberin beziehungsweise dem richtigen Bewerber. Falsche Stellenbesetzungen sind teuer und werden später den Personalabteilungen angelastet.

Informieren Sie sich über Ihr zukünftiges Berufsfeld

Um auf Nummer sicher zu gehen, stellen Personalverantwortliche lieber Berufseinsteiger ein, die Praxiserfahrung nachweisen können. Deshalb sind Schlüsselbegriffe aus dem Tagesgeschäft bei der Ausgestaltung der Selbstpräsentation der Joker, mit dem sich Absolventen Vorteile gegenüber ihren Mitbewerbern sichern können.

Sie finden die für Ihr zukünftiges Berufsfeld wichtigen Schlüsselbegriffe und Schlagworte in Stellenanzeigen, Fachzeitschriften, Imagebroschüren und Unternehmensdarstellungen im Internet. Unser Beispiel zeigt Ihnen, auf welche Vielfalt von Schlagworten Hochschulabsolventinnen und -absolventen bei der Selbstpräsentation zurückgreifen können.

BEISPIEL

Schlüsselbegriffe für den Berufseinstieg im Marketing

Ein Absolvent möchte in das Trainee-Programm eines internationalen Konzerns aufgenommen werden. Er hat im Hauptstudium zwei Praktika im Marketing gemacht. In Stellenanzeigen findet er für die Darstellung seiner Tätigkeiten diese Schlüsselbegriffe und Schlagworte:

- → Marktbeobachtung
- → Wettbewerberanalyse
- → Planung von Messeauftritten
- → Entwicklung von Werbemaßnahmen
- → Koordination von Verkaufsförderungsmaßnahmen
- → Zusammenarbeit mit Werbeagenturen
- → Entwicklung eines Marketingplanes
- → Statistikerstellung
- → Ergebnispräsentation
- → Betreuung von Kooperationspartnern
- → Mitarbeit in der Preis- und Konditionenpolitik
- → Organisation von Roadshows
- → Initiierung von Presseveröffentlichungen
- → Gestaltung des Internetauftritts
- → Pflege des Intranetauftritts
- → Durchführung von Werbekampagnen
- → Einsatz von Promotionteams
- → Eventsponsoring
- → Kundenanalyse
- → Zielgruppendefinition
- → Vertriebsunterstützung
- → Produktpräsentationen
- → Anzeigenschaltung betreuen
- → Werbekonzepte entwickeln

Schlagworte in Selbstpräsentation

Nun geht es darum, diese Schlüsselbegriffe und Schlagworte in der Selbstpräsentation einzusetzen. Die stichwortartige Beschreibung von beruflichen Erfahrungen vermittelt Personalverantwortlichen innerhalb kürzester Zeit wichtige Informationen über das Bewerberprofil. Der Bewerber für das Trainee-Programm hat 24 Begriffe, mit denen er sich darstellen kann. Aus diesen Begriffen muss er die Schlagworte auswählen und in Satzform bringen, für die er Belege liefern kann. Dabei geht es nicht darum, dass er die Aufgaben, die er in seiner Selbstpräsentation darstellen wird, alleinverantwortlich und umfassend bearbeitet hat. Als Berufseinsteiger genügt es, wenn er in seinen Praktika mit den Aufgaben in Berührung gekommen ist. Der Absolvent könnte sich so beschreiben:

Liefern Sie Belege

- **»Ich war bereits im Marketing tätig. Meine Aufgaben waren die Marktbeobachtung, die Kundenanalyse und die Entwicklung von Werbekonzepten.«**
- **»Erste Marketingerfahrungen habe ich bei der Car Systems GmbH gesammelt. Ich habe die Zusammenarbeit mit Werbeagenturen koordiniert, Ergebnispräsentationen durchgeführt und an der Entwicklung eines Marketingplans mitgewirkt.«**
- **»Neben der Erstellung von Statistiken habe ich Werbemaßnahmen entwickelt und war an der Messevorbereitung beteiligt.«**

Eine hohe Informationsdichte erreichen

Wenn Sie die für Sie zutreffenden Schlagworte und Schlüsselbegriffe in ein bis zwei Sätzen darstellen, erreichen Sie eine hohe Informationsdichte und es gelingt Ihnen, sich prägnant und aussagekräftig in Szene zu setzen.

Jetzt zu Ihnen: Anhand unseres Beispiels aus dem Marketingbereich sollten Sie nun versuchen, Schlüsselbegriffe aus Ihrem spezifischen Berufsumfeld zu finden und mit Beispielen aus Ihren bisherigen Praxiserfahrungen zu untermauern.

ÜBUNG

Schlüsselbegriffe und Schlagworte finden und einsetzen

Suchen Sie die für Ihr angestrebtes Tätigkeitsfeld geeigneten Schlüsselbegriffe und Schlagworte heraus. Beschränken Sie sich dabei nicht. Schreiben Sie alle Begriffe auf, die zukünftige Aufgaben charakterisieren. Ihre Schlüsselbegriffe und Schlagworte:

1. ....
2. ....
3. ....
4. ....
5. ....
6. ....
7. ....
8. ....
9. ....

10. ....
11. ....
12. ....
13. ....
14. ....
15. ....
16. ....
17. ....
18. ....
19. ....
20. ....
21. ....
22. ....
23. ....
24. ....
25. ....
26. ....
27. ....
28. ....
29. ....
30. ....

Wählen Sie die Schlüsselbegriffe und Schlagworte aus, für die Sie Belege aus Ihren bisherigen Praxiserfahrungen liefern können. Formulieren Sie nun drei Sätze mit jeweils zwei bis drei Schlagworten. So erarbeiten Sie sich die Fähigkeit, mit großer Informationsdichte zu kommunizieren.

1. »Zu meinen Aufgaben gehörte ...., (Schlagwort)
   .... (Schlagwort) und ....« (Schlagwort)
2. »Ich war verantwortlich für ...., (Schlagwort)
   .... (Schlagwort) und ....« (Schlagwort)
3. »Ich habe bei (Schlagwort)........................, (Schlagwort)
   .... (Schlagwort) und ....« (Schlagwort)
   mitgearbeitet.«

Ein aussagekräftiges Qualifikationsprofil

Das Problem von Hochschulabsolventinnen und -absolventen, ihre bisherigen Praxiserfahrungen berufsnah zu beschreiben, haben Sie jetzt gelöst. Sie können Ihre ersten beruflichen Tätigkeiten komprimiert vermitteln und gleichzeitig ein aussagekräftiges Qualifikationsprofil liefern.

Einsatz der Selbstpräsentation

Unsere Negativ- und Positivbeispiele haben Ihnen einen Eindruck vermittelt, welche Fehler Absolventen machen und wie Sie es besser machen können. Jetzt sind Sie an der Reihe. Nutzen Sie unsere Überzeugungsregeln, um Ihre Selbstpräsentation zu überarbeiten.

ÜBUNG

Selbstpräsentation optimieren

Überprüfen Sie, ob die von Ihnen entwickelte Selbstpräsentation die typischen Fehler enthält und ob Sie die von uns vorgestellten Überzeugungsregeln ausreichend berücksichtigt haben.

Nehmen Sie sich bei Ihrer Selbstpräsentation mit einer Videokamera auf. Werten Sie Ihre Selbstpräsentation kritisch aus. Überlegen Sie, an welchen Stellen Sie neu formulieren müssen. Stellen Sie fest, welchen Informationen Sie mehr Platz geben müssen und welche Aussagen Sie knapper gestalten sollten.

Verschiedene Versionen vorbereiten

Wenn Sie sich mithilfe unserer Überzeugungsregeln eine fehlerlose Selbstpräsentation erarbeitet haben, sollten Sie als Nächstes drei unterschiedlich lange Versionen vorbereiten:

→ **Version 1 hat eine Dauer von drei bis fünf Minuten.**
→ **Version 2 sollte eine Minute lang sein.**
→ **Version 3 sollte zehn Minuten umfassen.**

Mit diesen unterschiedlich langen Selbstpräsentationen können Sie im Vorstellungsgespräch flexibel reagieren.

Die drei- bis fünfminütige Version setzen Sie ein, wenn Sie gebeten werden, sich vorzustellen. Die einminütige Version dient dazu, neu zum Gespräch hinzugekommene Personen kurz über Ihre Qualifikationen zu informieren. Die zehnminütige Version sollten Sie mit möglichst vielen Beispielen aus beruflichen Erfahrungen anreichern. Teile dieser Version dienen Ihnen später im Gespräch dazu, auf Fragen Antworten mit konkreten Beispielen geben zu können.

Bereiten Sie sich auf mögliche Fragen vor

Damit Sie mit Ihrer Selbstpräsentation bei Vorstellungsgesprächen überzeugen, sollten Sie sie so lange üben und wiederholen, bis sie Ihnen in Fleisch und Blut übergegangen ist. Mögliche Fragen, bei denen Sie Ihre Selbstpräsentation im Gespräch einsetzen können, haben wir in der folgenden Übung für Sie zusammengestellt. Am besten lassen Sie sich die Fragen von einer Freundin oder einem Freund stellen, dann gewöhnen Sie sich rechtzeitig an den gezielten Einsatz der Selbstpräsentation bei Fragen im Vorstellungsgespräch.

Selbstpräsentation einsetzen

ÜBUNG

In dieser Übung sollen Sie lernen, die von Ihnen ausgearbeitete Selbstpräsentation oder Teile davon im Gespräch flexibel einzusetzen. Beispiel:

Frage: »Warum sollten wir gerade Ihnen diese Stelle geben?«

Antwort: »Für die ausgeschriebene Stelle bringe ich erste Erfahrungen im .... mit. Ich habe bereits die Aufgaben .... und .... bearbeitet. In meinem Studium der .... habe ich den Schwerpunkt .... vertieft. Zusätzlich bringe ich gute Kenntnisse in (PC, Programmierung, Sprachen und weitere außerhalb der Hochschule erworbene Kenntnisse) mit.«

→ FORTSETZUNG AUF DER NÄCHSTEN SEITE

»Warum interessieren Sie sich für unsere Firma?«

Ihre Antwort: ....

....

»Was macht Sie für die Position geeignet?«

Ihre Antwort: ....

....

»Erzählen Sie uns doch bitte ein wenig über sich!«

Ihre Antwort: ....

....

»Ich bin mir nicht sicher, ob Sie der geeignete Kandidat für unsere Firma sind, überzeugen Sie mich!«

Ihre Antwort: ....

....

»Was unterscheidet Sie von anderen Bewerbern?«

Ihre Antwort: ....

....

»Was reizt Sie an der Position?«

Ihre Antwort: ....

....

AUF EINEN BLICK

Auf einen Blick
Ihre Selbstpräsentation

→ Mit einer gut ausgearbeiteten Selbstpräsentation schaffen Sie sich die Grundlage für
  - die aussagekräftige Darstellung Ihres Profils,
  - die Beantwortung von Fragen zu Ihren fachlichen Kenntnissen und persönlichen Fähigkeiten,
  - die souveräne Reaktionen auf Stressfragen.

→ Die Anforderungen an Hochschulabsolventen lassen sich in zwei Gruppen unterteilen: in fachliche Kenntnisse und in persönliche Fähigkeiten.

→ Für das gesamte Bewerbungsverfahren gilt: Sie müssen die Wünsche der Unternehmen an Ihre fachlichen Kenntnisse und Ihre persönlichen Fähigkeiten erkennen. Welche fachlichen Kenntnisse und persönlichen Fähigkeiten gefragt sind, hängt von dem von Ihnen angestrebten Tätigkeitsfeld ab.

→ Bauen Sie Ihre Selbstpräsentation so auf, dass der Bezug zur Einstiegsposition deutlich wird. Nutzen Sie für Ihre Selbstpräsentation unser Schema:
1. Stellen Sie Ihre erste Berufserfahrung aus Praktika, Projektarbeiten, Werkstudententätigkeiten oder aus der Abschlussarbeit an den Anfang Ihrer Selbstpräsentation.
2. Heben Sie die Tätigkeiten hervor, die einen Bezug zur Einstiegsposition haben.
3. Erläutern Sie Ihre Schwerpunktbildung im Studium. Machen Sie klar, welche Zusatzqualifikationen Sie mitbringen.

→ Aus Sicht der Personalabteilungen scheitern Hochschulabsolventinnen und Hochschulabsolventen bei der Selbstpräsentation an diesen Fehlern:
- Anforderungen werden nicht erkannt beziehungsweise nicht aufgegriffen
- Profillosigkeit
- Kontraproduktive Ehrlichkeit
- Leerfloskeln für persönliche Fähigkeiten
- Nicht- und Negativformulierungen
- Übertriebene positive Selbstbewertung
- Selbstanklage

→ Gelungene Selbstpräsentationen orientieren sich an diesen Überzeugungsregeln:
- Anforderungen erkennen
- Aktivität zeigen

→ FORTSETZUNG AUF DER NÄCHSTEN SEITE

- Individuelles Profil darstellen
- Beispiele für persönliche Fähigkeiten geben
- Beschreiben statt bewerten
- Der Joker: Schlüsselbegriffe aus dem Tagesgeschäft benutzen

→ Beschreiben Sie Ihre berufsnahen Erfahrungen anhand von konkreten Beispielen und verzichten Sie auf Eigenbewertungen. So gelingt Ihnen eine überzeugende Selbstdarstellung, ohne zu zurückhaltend oder überheblich zu wirken.

→ Schlüsselbegriffe und Schlagworte helfen Ihnen dabei, mit großer Informationsdichte zu kommunizieren.

→ Erarbeiten Sie sich drei unterschiedlich lange Versionen Ihrer Selbstpräsentation. Dann können Sie diese im Vorstellungsgespräch flexibel einsetzen.

Mehr auf der CD in »Ihre Bewerbung«, Kapitel 5

3. Wirksame Anti-Stress-Hilfe: Ihre Selbstpräsentation als Mind-Map

Was können Sie tun, um in der Stresssituation Vorstellungsgespräch Ihre Selbstpräsentation frei zu formulieren? Wie strukturieren Sie Ihre Argumente? Und wie stärken Sie zugleich auch noch Ihr Selbstbewusstsein? Unser Tipp: Erarbeiten Sie sich ein Mind-Map Ihrer Selbstpräsentation.

Das Vorstellungsgespräch ist eine Stresssituation

Völlig stressfrei geht wohl kein Jobinterview über die Bühne. Stress wird in Vorstellungsgesprächen zum einen dadurch ausgelöst, dass man nicht genau einschätzen kann, wie der oder die Entscheider auf der Firmenseite reagieren. Zum anderen aber auch dadurch, dass man sich oft nicht sicher ist, wie man seine Stärken gut vermitteln kann. Die Angst, Fragen viel zu knapp oder womöglich gar nicht zu beantworten, lähmt viele Berufseinsteiger – egal, wie selbstbewusst sie sonst sind.

Die Angst vor dem Blackout im Jobinterview

Es werden Urängste mobilisiert, schließlich muss man mit einer unbekannten Situation fertig werden und weiß nicht, wie das Gegenüber reagieren wird.

Deshalb ist es nicht verwunderlich, dass auf einmal Reste der steinzeitlichen Überlebensinstinkte greifen. Denn in der Vorzeit der Menschheit waren Flucht- und Kampfreaktionen viel bestimmender für das tägliche Dasein als intellektuelle Höchstleistungen. Das Großhirn, das unser rationales Bewusstsein steuert, ist viel jüngeren Datums und kann vom älteren Stammhirn – dem sogenannten Reptiliengehirn – in Ausnahmesituationen überstimmt werden. Rationales und analytisches Denken, und damit auch die Fähigkeit frei zu sprechen, werden dann in den Hintergrund gedrängt. Stattdessen treten instinktiv Flucht- und Angriffsverhalten in den Vordergrund.

In der Sondersituation Vorstellungsgespräch kann das auch heute passieren. Gefangen in der Stresssituation, die oft noch mit körperlichen Verspannungen einhergeht, klemmt das ältere Stammhirn die für Sprachverarbeitung und rationales Denken zuständigen Gehirnbereiche einfach ab. Plötzlich sind Argumentationsketten durchschnitten und auch die naheliegendsten Wortbeiträge und die simpelsten Erklärungen kommen nicht mehr über die Lippen.

Stressabbau durch Mind-Maps

Hilfestellung gegen Blackouts

In unseren Seminaren für Hochschulabsolventen beobachten wir regelmäßig bei Teilnehmern, die den Faden verloren haben und sich mitten in einem Blackout befinden, dass sie nach Bildern suchen, um die Orientierung zurückzugewinnen. Das liegt daran, dass unter Stress viel leichter auf bildhafte Elemente zugegriffen werden kann. Diese bildhaften Elemente lassen sich im Vorfeld eines Vorstellungsgesprächs in Form eines Mind-Maps visualisieren.

Wir erarbeiten mit Absolventen deswegen häufig ein Mind-Map ihrer fachlichen und persönlichen Stärken. Die gesamte berufliche Entwicklung lässt sich auf einem DIN-A4-Blatt übersichtlich darstellen. Mind-Maps, die Haupt- und Unterstrukturen, kleine Zeichnungen und grafische Symbole enthalten, helfen definitiv dabei, Blackouts in Vorstellungsgesprächen zu vermeiden. Die darin enthaltenen visuellen Elemente sind ein hervorragender Informationsanker.

Auch Sie können ein Mind-Map nutzen, um in Vorstellungsgesprächen bei Blackouts richtig reagieren zu können. Wie sich unsere Tipps praktisch umsetzen lassen, zeigen wir Ihnen jetzt anhand zweier Selbstpräsentationen, für die wir Mind-Maps ausgearbeitet haben.

BEISPIEL

Hochschulabsolventin Psychologie

Die Selbstpräsentation einer Absolventin im Studiengang Psychologie könnte wie folgt lauten:

»Erste Erfahrungen in der Erstellung von klinischen Diagnosen bei Kindern und Jugendlichen mittels Testdiagnostik konnte ich in meinen praktischen Zeiten an der Klinik für Psychosomatik und Suchtproblematik in Dortmund sammeln. Dort habe ich auch an Verhaltensbeobachtungen und Anamnesegesprächen teilgenommen.

In meinem Studium der Psychologie an der Universität Bochum habe ich mich schwerpunktmäßig mit Testpsychologie, Entwicklungspsychologie und Klinischer Psychologie beschäftigt. Thema meiner Abschlussarbeit, für die ich jugendliche Patienten an der Klinik in Dortmund beobachten durfte, war die psychologische Diagnostik in der Verhaltenstherapie bei Jugendlichen mit Essstörungen.

Am Institut für Verhaltenstherapie habe ich eine zertifizierte Weiterbildung zur Verhaltenstherapeutin absolviert. Darüber hinaus bilde ich mich ständig fort und habe deshalb auch im letzten Jahr am Kongress für Klinische Psychologie in Bern und am Kongress für Psychotherapie in München teilgenommen.

Die Programme SPSS, Word und Excel benutze ich regelmäßig.

Gerne würde ich meine fundierten Kenntnisse aus dem Studium und meine praktischen Erfahrungen bei Ihnen als Diplom-Psychologin in der Arbeit mit Kindern und Jugendlichen einsetzen.«

Vor dem Vorstellungsgespräch hatte die Bewerberin dieses Mind-Map ausgearbeitet und auswendig gelernt:

→ FORTSETZUNG AUF DER NÄCHSTEN SEITE

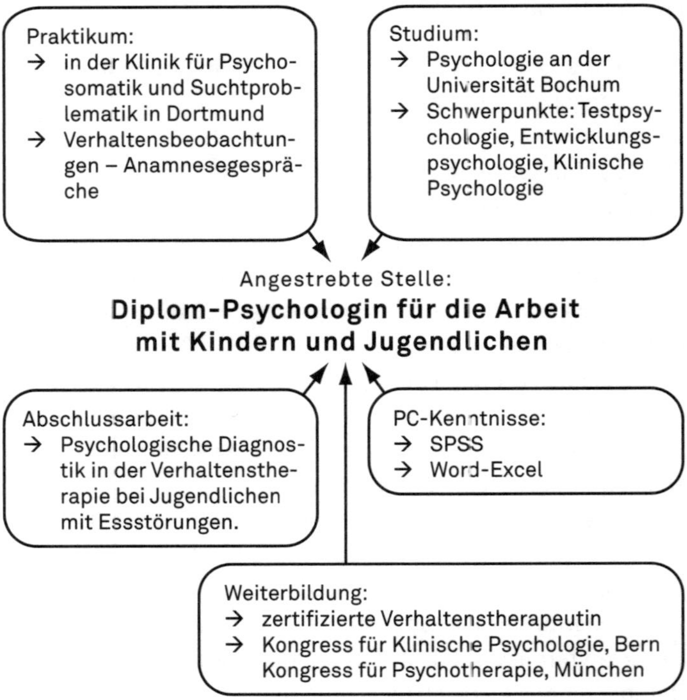

BEISPIEL

Hochschulabsolvent Jura

Ein Absolvent im Studiengang Jura könnte die Aufforderung »Erzählen Sie doch bitte ein wenig über sich, damit wir Sie besser kennen lernen!« als mündliche Selbstpräsentation so beantworten:

»Als Volljurist habe ich mich sowohl innerhalb meines Studiums als auch in meinem Referendariat schwerpunktmäßig mit den Themen Wirtschaftsrecht, E-Commerce, Datenschutz und Wettbewerbsrecht im Internet auseinandergesetzt.

So konnte ich in meiner Referendariatsstation bei der Kanzlei Makowski und Partner für Onlinehändler umfassende Gutachten erstellen und Schriftsätze verfassen. Für die Telekommunikations GmbH habe ich Musterverträge für private und gewerbliche Nutzer von Internet- und Telekommunikationsangeboten ausgearbeitet und modifiziert. Dabei halfen mir meine aktuellen Kenntnisse der Rechtsprechung und Literatur.

Um mir weiteres kaufmännisches Wissen anzueignen und meine kommunikativen Fähigkeiten auszubauen, habe ich unter anderem Seminare der Deutschen Anwaltsakademie in Stuttgart besucht.

Meine Englischkenntnisse sind verhandlungssicher, da ich bereits während meiner Schulzeit ein Jahr eine Highschool in Kanada besucht und später ein Studiensemester an der Oxford University, Großbritannien, verbracht habe.

Meine Stärken, die ich jetzt bei Ihnen einbringen möchte, sehe ich darin, konzeptionell zu arbeiten, komplexe juristische Fragestellungen zu analysieren, schriftliche Stellungnahmen auszuarbeiten und Mandanten zu vertreten und Auftraggeber zu beraten.«

Ein Mind-Map seiner Selbstpräsentation hatte er vor dem Vorstellungsgespräch wie folgt ausgearbeitet.

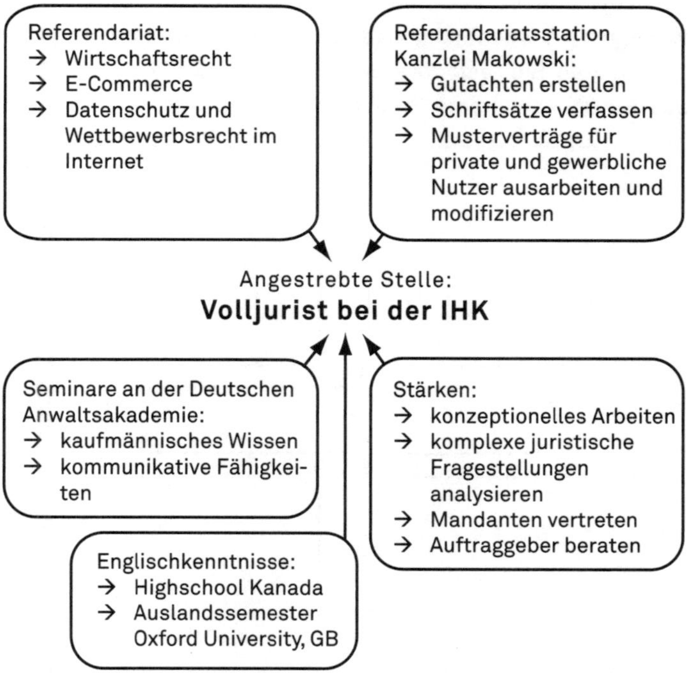

ÜBUNG

Mind-Map ausarbeiten

Nehmen Sie Ihre Selbstpräsentation zur Hand und visualisieren Sie sie nun in Form eines Mind-Maps. Orientieren Sie sich dabei an den Beispielen oben. Achten Sie darauf, die Stärken und Erfahrungen auszuwählen, die für Ihren Wunscharbeitgeber von besonderem Interesse sein könnten.

Überlegen Sie sich für Ihr Mind-Map eine Grundstruktur, die aus vier bis sechs Oberpunkten bestehen sollte. Beispielsweise: 1. Praktikum, 2. Studium, 3. Nebenjob, 4. Weiterbildung, 5. Auslandsaufenthalt, 6. PC- und Fremdsprachenkenntnisse. Gestalten Sie Ihr Mind-Map farbig, arbeiten Sie auch mit grafischen Symbolen wie Pfeilen, Ausrufezeichen oder Smileys.

Nachdem Sie Ihr Mind-Map visualisiert haben, formulieren Sie bitte Ihre Selbstpräsentation mehrere Male mündlich anhand der vorgegebenen Stichworte. Sie werden feststellen, dass Sie die Visualisierung Ihrer individuellen Stärken schon nach kurzer Zeit gut verinnerlicht haben. Dieses neue Selbst-»Bewusstsein« wird Sie in Ihren Vorstellungsgesprächen deutlich unterstützen und Ihnen dabei helfen, die richtigen und wichtigen Argumente punktgenau im Gespräch zu bringen.

Arbeiten Sie jetzt Ihre Selbstpräsentation als Mind-Map aus. Sie können unsere Vorlage dafür benutzen.

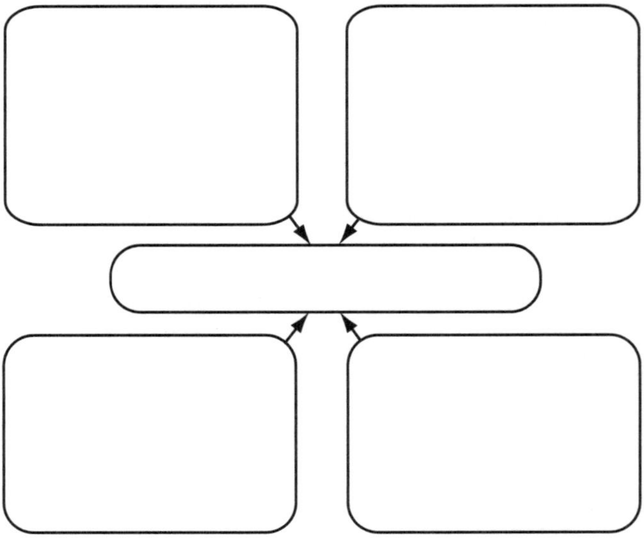

AUF EINEN BLICK

Auf einen Blick
Ihre Selbstpräsentation als Mind-Map

→ Auch bei selbstbewussten Menschen löst ein Vorstellungsgespräch meist Stressreaktionen aus, die bis zum gefürchteten Blackout führen können.

→ Unter Stress können Sie leichter auf bildhafte Elemente zugreifen. Diese bildhaften Elemente sollten Sie bereits im Vorfeld eines Vorstellungsgesprächs visualisieren.

→ Machen Sie es wie unsere Seminarteilnehmer: Erarbeiten Sie ein Mind-Map Ihrer Selbstpräsentation auf einer DIN-A4-Seite.

→ Überlegen Sie sich für Ihr Mind-Map eine klare Struktur, die aus vier bis sechs Oberpunkten bestehen sollte. Beispielsweise: 1. Praktikum, 2. Studium, 3. Nebenjob, 4. Weiterbildung, 5. Auslandsaufenthalt, 6. PC- und Fremdsprachenkenntnisse.

→ Wählen Sie die Stärken und Erfahrungen aus, die für die Einstiegsposition besonders geeignet sind.

→ Kleine Zeichnungen und grafische Symbole in Ihrem Mind-Map sind hervorragende Informationsanker.

→ Wenn Ihr Mind-Map fertig ist, tragen Sie Ihre Selbstpräsentation bitte mehrmals anhand der Stichpunkte vor, am besten auch vor dem Spiegel oder vor Freunden.

4. Vorbereitung eines Vorstellungsgesprächs

Vor Ihrem Vorstellungsgespräch sollten Sie überlegen, welche Kleidung Sie anziehen sollten und welche Unterlagen Sie mitnehmen müssen. Wenn Sie sich bei mehreren Unternehmen beworben haben, müssen Sie die passende Version Ihrer Selbstpräsentation noch einmal wiederholen. Damit Sie im Vorstellungsgespräch die Orientierung behalten, sollten Sie sich über den generellen Ablauf des Gesprächs klar werden.

Die Frage »Was soll ich anziehen?« ist wohl typisch vor Vorstellungsgesprächen. Die richtige Kleidung wird für Ihre Einstellung nicht ausschlaggebend sein, die falsche Kleidung kann jedoch als Störfaktor wirken und Ihnen eine überzeugende Präsentation erschweren.

Üben Sie Ihre Selbstpräsentation

Vor Vorstellungsgesprächen sollten Sie sich unbedingt auf das jeweilige Unternehmen einstimmen. Sichten Sie das Informationsmaterial und wiederholen Sie Ihre Selbstpräsentation. Ihr Erfolg hängt davon ab, dass Sie verdeutlichen, warum gerade Sie zum Unternehmen passen. Achten Sie bei der Wiederholung Ihrer Selbstpräsentation darauf, ausreichend Bezug auf das Unternehmen und die Einstiegsposition zu nehmen.

Kein Vorstellungsgespräch gleicht dem anderen, dennoch können Sie sich auf den Ablauf vorbereiten. Es gibt Bestandteile, die in unterschiedlicher Gewichtung in jedem Vorstellungsgespräch enthalten sind. Wir erläutern Ihnen, wann Ihre Selbstpräsentation gefragt ist, wann Sie mit Fragen rechnen müssen und wann Sie Ihre Fragen stellen können.

Die richtige Kleidung

In welcher Kleidung repräsentieren Sie das Unternehmen?

Bei der Auswahl der Kleidung sollten Sie überlegen, welcher Eindruck von Ihnen im Vorstellungsgespräch erwartet wird. Viele Hochschulabsolventinnen und Hochschulabsolventen gehen fälschlicherweise davon aus, dass sie in einem Vorstellungsgespräch mit der Kleidung auftreten können, die sie später im Berufsalltag tragen werden. Hierbei ist jedoch die Gefahr, sich zu nachlässig zu kleiden, zu groß. Orientieren Sie sich bei der Auswahl Ihrer Kleidung daran, was Sie anziehen müssten, um das Unternehmen nach außen hin zu repräsentieren. Das heißt, diejenige Kleidung ist für Vorstellungsgespräche angemessen, in der Sie das Unternehmen auf Kongressen, Tagungen oder Messen vertreten würden.

Wenn Sie dies beachten, wird Ihre Auswahl stark eingegrenzt. Richtig ist auf jeden Fall ein Business-Outfit. Frauen sollten ein Kostüm oder einen Hosenanzug mit farblich passender Bluse auswählen und dabei auf grelle Farben verzichten. Männer sind mit einem Anzug in gedeckten Farben, einem einfarbigen Hemd, einer schlichten Krawatte und dunklen Socken und schwarzen Schuhen auf der sicheren Seite.

Im Zweifel ein konservatives Outfit wählen

Die Accessoires sollten Sie so auswählen, dass Ihre Gesprächspartner nicht unnötig von den Gesprächsinhalten abgelenkt werden. Wenn Sie als Mann ein kariertes Jackett mit einer roten Micky-Maus-Krawatte kombinieren, die Fansocken Ihrer Lieblingsfußballmannschaft tragen und sich von Ihrem Ohrring nicht trennen können, wird man sich in einer Unternehmensberatung sicherlich fragen, ob man Sie zu konservativen Kunden schicken kann.

Mit einem konservativen Outfit machen Sie im Vorstellungsgespräch nichts falsch. Sie werden zwar nicht eingestellt, weil Sie eine bestimmte Kleidung tragen. Wichtig ist es aber, mit der Kleidung keinen Störfaktor in das Gespräch zu bringen.

Einstimmung

Zum Vorstellungsgespräch sollten Sie ein Duplikat Ihrer Bewerbungsmappe, die Stellenanzeige und Ihre bisher mit dem Unternehmen geführte Korrespondenz mitnehmen. Falls bekannt, vergegenwärtigen Sie sich noch einmal die Namen und die Positionen Ihrer Gesprächspartner.

Was Sie zum Vorstellungsgespräch mitnehmen sollten

Denken Sie auch an Stift und Papier, damit Sie sich wichtige Informationen notieren können. Dies gilt insbesondere für die Punkte, bei denen Sie zu einem späteren Zeitpunkt nachhaken möchten, oder für Punkte, die noch unklar sind. Wir empfehlen Ihnen einen Papierblock in der Größe DIN A5, weil dieses Format im Gespräch unauffällig eingesetzt werden kann. Notieren Sie nur ausgewählte Punkte und schreiben Sie auf gar keinen Fall die ganze Zeit mit, damit Sie dem Gespräch konzentriert folgen können.

Arbeiten Sie rechtzeitig vor dem Gespräch noch einmal Ihre Selbstpräsentation durch. Wenn Sie sich bei mehreren Unternehmen beworben haben, müssen Sie sich jetzt auf die besonderen Anforderungen des Unternehmens konzentrieren, das Sie zum Gespräch eingeladen hat. Schneiden Sie Ihre Selbstpräsentation passend auf das Unternehmen zu, bei dem Sie das Vorstellungsgespräch haben. Üben Sie die Selbstpräsentation lieber einmal mehr, um Sicherheit für das Gespräch zu gewinnen und aufkommende Nervosität in den Griff zu bekommen. Wer seine Stärken kennt und weiß, wie er seine Fähigkeiten und Kenntnisse verdeutlichen kann, geht mit einer sicheren Ausstrahlung in das Bewerbungsgespräch.

Die Gesprächspartner mit Namen anreden

Sie können Ihre kommunikative Kompetenz von Anfang an deutlich machen, indem Sie Ihre Gesprächspartner mit Namen ansprechen (informieren Sie sich gegebenenfalls bei der Sekretärin hinsichtlich der korrekten Aussprache). Denken Sie auch daran, die Empfangskraft und die Sekretärin freundlich zu grüßen.

Die Phasen des Vorstellungsgesprächs

Im Vorstellungsgespräch erwartet Sie in der Regel eine ruhige und sachliche Atmosphäre. Sie werden weder vorgeführt noch dienen Sie dem Personalverantwortlichen als Blitzableiter für schlechte Laune. Spezielle Stressinterviews werden mit Hochschulabsolventinnen und Hochschulabsolventen selten durchgeführt, aber mit der einen oder anderen Stressfrage müssen Sie schon rechnen. Über den Umgang mit Stressfragen können Sie sich im Kapitel »Kennen Sie Gesprächstechniken?« informieren.

Dauer und Struktur eines Vorstellungsgesprächs

Normalerweise dauern Vorstellungsgespräche mit Absolventen etwa ein bis zwei Stunden. Auch wenn die einzelnen Blöcke in Vorstellungsgesprächen je nach Unternehmen unterschiedlich gewichtet werden, können Sie sich an folgendem Schema orientieren:

1. **Begrüßung**
2. **Kurze Selbstdarstellung des Unternehmens**
3. **Anforderungsprofil des Arbeitsplatzes aus Unternehmenssicht**
4. **Kurze Selbstdarstellung des Bewerbers (Selbstpräsentation)**
5. **Ausführliche Fragenblöcke, um die fachlichen Kenntnisse und die persönlichen Fähigkeiten des Bewerbers zu überprüfen**
6. **Fragen des Bewerbers an das Unternehmen**
7. **Abschluss des Gesprächs**

Ein auflockernder Einstieg nimmt Unsicherheit

Der Einstieg ins Vorstellungsgespräch ist häufig so gestaltet, dass Ihr Gesprächspartner nach der offiziellen Begrüßung kurz auflockert: Beispielsweise werden Sie gefragt, ob Sie den Weg schnell genug gefunden haben und ob Sie schon erste Eindrücke vom Umfeld oder Gebäude gewonnen haben. Dies soll Ihnen die erste Unsicherheit nehmen. Danach wird Ihnen das Unternehmen vorgestellt, Sie bekommen Informationen über die Unternehmensentwicklung und über die angebotenen Produkte beziehungsweise Dienstleistungen. Anschließend werden Sie mit den Anforderungen des Unternehmens an den zukünftigen Stelleninhaber vertraut gemacht. Manche Unternehmen verzichten allerdings bewusst darauf, die zu vergebende Stelle in aller Tiefe zu beschreiben. So soll vermieden werden, dass die Bewerber im anschließenden Dialog einfach die Angaben der Firmenseite wiederholen.

Platz für Ihre Selbstpräsentation

Jetzt sind Sie dran: Es wird Ihnen Platz zur Selbstdarstellung eingeräumt. Die Grundlagen hierfür haben Sie sich mit Ihrer Selbstpräsentation bereits erarbeitet. Sie wissen, wo Ihre Stärken liegen und welche Anforderungen Ihr erster Arbeitsplatz mit sich bringt. Nun kommt es darauf an, dieses Wissen im Vorstellungsgespräch wirkungsvoll einzusetzen.

Einen ganzen Block typischer Fragen aus dem Vorstellungsgespräch, bei denen Sie auf Ihre Selbstpräsentation zurückgreifen können, haben wir in der Übung »Selbstpräsentation einsetzen« aufgeführt. Fragen wie »Erzählen Sie doch etwas über sich« und »Was reizt Sie an der Position in unserem Unternehmen?« können Sie unter Bezug auf Ihre Selbstpräsentation überzeugend beantworten.

Setzen Sie sich gut in Szene

Nutzen Sie die Gelegenheit, sich im Vorstellungsgespräch positiv in Szene zu setzen. Von Personalverantwortlichen wird häufig beklagt, dass Bewerber im Gespräch zu zurückhaltend sind und man ihnen jedes Wort einzeln »aus der Nase« ziehen muss. Dieses Verhalten ist bei unvorbereiteten Absolventen verständlich. Sie durchschauen die Regeln des Bewerbungsverfahrens nicht und sind daher im Gespräch vorsichtig. Sie sagen lieber nichts als etwas Falsches. Diese Angst vor falschen Antworten blockiert diese Bewerber und führt zu einer verkrampften Gesprächsatmosphäre. Machen Sie es besser, setzen Sie sich vor dem Vorstellungsgespräch mit Ihren Stärken und Schwächen auseinander und berücksichtigen Sie unsere Informationen aus dem Kapitel »Kennen Sie Gesprächstechniken?«.

Nach Ihrer Selbstdarstellung geht es gewöhnlich weiter mit Fragenblöcken zu fachlichen Kenntnissen und persönlichen Fähigkeiten. Hier wird in den verschiedenen Branchen und Unternehmen sehr unterschiedlich verfahren. In kleinen und mittelständischen Unternehmen werden Sie anders befragt als in großen Unternehmen. Bewerbern für einen technischen Arbeitsplatz werden andere Fragen gestellt als Bewerbern, die sich für einen Arbeitsplatz im kaufmännischen Bereich interessieren.

Im Kapitel »Mit diesen Fragen müssen Sie rechnen« machen wir Sie mit den wichtigsten Fragen vertraut, die in Vorstellungsgesprächen an Sie gestellt werden. Antwortmöglichkeiten stellen wir Ihnen im Kapitel »100 Fragen und Antworten aus Vorstellungsgesprächen« vor.

Wichtig: ein guter Abschluss

Fragen Sie am Ende des Vorstellungsgesprächs auf keinen Fall flehentlich: »Seien Sie ehrlich, wie sind meine Chancen?« Sie würden durch diese Frage nur zeigen, dass Sie mit den Entscheidungsprozessen in der Personalauswahl nicht vertraut sind. Entscheidungen über Einstellungen werden erst nach gründlicher Rücksprache mit allen Beteiligten und endgültiger Prüfung des Für und Wider aller zum Vorstellungsgespräch eingeladenen Kandidaten gefällt.

Wie wird es weitergehen?

Fragen Sie lieber, bis wann eine Entscheidung gefällt wird, und erkundigen Sie sich nach einem Ansprechpartner, bei dem Sie sich über den weiteren Verlauf der Auswahlentscheidung informieren können: Wird ein zweites Vorstellungsgespräch geführt werden? Wen werden Sie in der zweiten Runde überzeugen müssen? Erwartet Sie ein Assessment-Center?

Bedanken Sie sich bei allen Beteiligten für das Gespräch und stellen Sie heraus, dass Sie in Ihrem Wunsch, für dieses Unternehmen arbeiten zu wollen, bestärkt worden sind. Vergegenwärtigen Sie sich noch einmal die Namen aller Gesprächsbeteiligten. Bitten Sie im Zweifelsfall um eine Visitenkarte, damit Sie bei Rückfragen einen direkten Kontakt herstellen können.

Auf einen Blick
Vorbereitung eines Vorstellungsgesprächs

AUF EINEN BLICK

→ Im Vorstellungsgespräch hat angemessene Kleidung einen wichtigen Stellenwert: Wählen Sie Ihre Kleidung so aus, als müssten Sie das Unternehmen nach außen repräsentieren.

→ Nehmen Sie ein Duplikat Ihrer Bewerbungsmappe, die Stellenanzeige und die geführte Korrespondenz mit zum Gespräch.

→ Setzen Sie sich vor jedem Vorstellungsgespräch ein weiteres Mal mit den besonderen Anforderungen des jeweiligen Unternehmens auseinander.

→ Üben und wiederholen Sie Ihre Selbstpräsentation und schneiden Sie sie individuell auf die Wünsche des jeweiligen Unternehmens zu.

→ Machen Sie sich mit dem typischen Ablauf von Vorstellungsgesprächen vertraut.

→ Geben Sie sich auch am Ende von Vorstellungsgesprächen souverän. Bedanken Sie sich bei allen Gesprächsbeteiligten und fragen Sie nach einem Ansprechpartner, um sich über die nächsten Schritte im Auswahlverfahren informieren zu können.

5. Wer sind Ihre Gesprächspartner auf der Unternehmensseite?

In Vorstellungsgesprächen werden Sie nicht nur auf Personalverantwortliche treffen. In diesem Kapitel erläutern wir Ihnen, worin sich die Ansprüche von Personalverantwortlichen, Fachvorgesetzten und Geschäftsführern oder Firmeninhabern unterscheiden. Sie lernen, auf die Vorlieben der einzelnen Gesprächspartner angemessen zu reagieren.

Mit diesen Gesprächspartnern müssen Sie rechnen

Wem sitzen Sie im Vorstellungsgespräch gegenüber? Wer stellt die Fragen und wertet sie aus? Wer entscheidet am Ende des Bewerbungsmarathons endgültig darüber, ob Sie eine Absage erhalten oder einen Arbeitsvertrag angeboten bekommen? In diesem Kapitel werden wir Sie mit den Personen, die Ihnen im Vorstellungsgespräch gegenübersitzen, bekannt machen. Sie treffen in Vorstellungsgesprächen auf:

- → **Personalverantwortliche**
- → **Fachvorgesetzte**
- → **Geschäftsführer und Firmeninhaber**

Geschulte (hauptamtliche) Personalverantwortliche begegnen Ihnen in mittleren und großen Unternehmen. In kleineren Unternehmen wird die Personalarbeit meistens zusätzlich zur eigentlichen Aufgabe erledigt. Dort wird über Bewerbungen in der Regel vom Geschäftsführer und/oder dem zuständigen Fachvorgesetzten entschieden.

Die Vorstellungen über den idealen neuen Mitarbeiter werden von den beruflichen Positionen der jeweiligen Entscheider mit beeinflusst. Ihre Auseinandersetzung mit der speziellen Perspektive Ihres Gegenübers hilft Ihnen dabei, Ihr Antwortverhalten im Vorstellungsgespräch flexibel zu handhaben.

Personalverantwortliche

Persönliche Fähigkeiten stehen im Vordergrund

Personalverantwortliche legen andere Maßstäbe an als Fachvorgesetzte. Die Überprüfung von Fachkenntnissen, die zur erfolgreichen Berufsausübung nötig sind, steht zunächst im Hintergrund. Im Vordergrund stehen die persönlichen Fähigkeiten der Absolventen. Im Kapitel »Das erwarten Unternehmen von Hochschulabsolventen« haben wir Sie mit den persönlichen Fähigkeiten bereits bekannt gemacht. Die wesentlichen persönlichen Fähigkeiten Kundenorientierung, Teamarbeit und Projektarbeit, selbstständiges Arbeiten, Belastungs- und Kritikfähigkeit, Lernbereitschaft, analytisches Denken und Leistungsbereitschaft werden von den Personalverantwortlichen überprüft. Dazu stellen sie an Hochschulabsolventen gezielte Fragen

- **zur Leistungsmotivation des Bewerbers,**
- **zum Unternehmen,**
- **zur Entwicklung in Schule und Studium,**
- **zur Persönlichkeit und**
- **zur privaten Lebensgestaltung.**

Ein strukturierter Fragenkatalog ermöglicht Vergleiche

Zu jedem dieser Themenkomplexe gibt es spezielle Fragen, die wir Ihnen in den Kapiteln »Mit diesen Fragen müssen Sie rechnen« und »100 Fragen und Antworten aus Vorstellungsgesprächen« ausführlich erläutern.

Das allgemeine Auftreten wird bewertet

Vorstellungsgespräche mit Personalverantwortlichen finden wegen der Masse der Fragen an die Absolventen meist strukturiert statt, das heißt ein vorbereiteter Fragenkatalog wird abgearbeitet. Damit die Absolventen später besser verglichen werden können, bekommen alle die gleichen Fragen gestellt. Das Antwortverhalten, die Inhalte der Antworten und das allgemeine Auftreten im Vorstellungsgespräch werden dann bewertet, beispielsweise auf einer Skala von eins bis fünf, und auf einem Auswertungsbogen eingetragen. Nach dem Gespräch legt der Personalverantwortliche eine Gesamtnote für jeden Bewerber fest und macht der Fachabteilung Vorschläge, welche Bewerber er für die Besetzung der ausgeschriebenen Position für geeignet hält.

Fachvorgesetzte

Stellen Sie gezielte Fragen zu den Arbeitsabläufen

Im Gespräch mit Fachvorgesetzten müssen Sie klarmachen, dass Sie den fachlichen Anforderungen des Arbeitsplatzes gerecht werden. Fachvorgesetzte sind keine Profis in Sachen Vorstellungsgespräch beziehungsweise Auswahl von geeigneten neuen Mitarbeitern. Deshalb finden diese Gespräche meist unstrukturiert statt. Oft stellen sie Ihnen die Abteilung, den Arbeitsplatz und aktuelle Aufgaben und Projekte vor. Sie gewinnen die Sympathie der Fachvorgesetzten, wenn Sie gezielte Fragen zu den Arbeitsabläufen stellen und auf ähnliche Projekte hinweisen, an denen Sie in Praktika oder studienbegleitend bereits mitgearbeitet haben.

Wichtig hierbei ist, dass Sie immer wieder typische Schlüsselworte aus dem Tagesgeschäft in das Gespräch einfließen lassen. Sie umgeben sich auf diese Weise mit dem typischen »Stallgeruch«, der zeigt, dass Sie dazugehören. Mit etwas Übung gelingt es Ihnen, Schlüsselbegriffe konsequent bei Antworten und Ihren eigenen Fragen einzusetzen. Sie werden feststellen, dass diese Kommunikationstechnik Sie weiterbringt. Das Interesse an Ihnen nimmt zu, wenn Ihr Gegenüber den Eindruck hat, dass er »verstanden« wird und dass Sie beide die gleiche Sprache sprechen.

BEISPIEL

Trainee Vertrieb

Schlüsselbegriffe, die Sie in einem Vorstellungsgespräch für ein Trainee-Programm im Vertrieb einsetzen können, sind: »Kundenberatung«, »Service« und »Abschlusssicherheit«. Entsprechende Formulierungen im Gespräch mit Fachvorgesetzten könnten dann lauten:

»In meinem Praktikum bei der Sales AG habe ich am Projekt ›Service-Controlling‹ teilgenommen. Im direkten Umgang mit Kunden konnte ich meine Abschlusssicherheit unter Beweis stellen.«

BEISPIEL

Assistentin der Geschäftsleitung

Geeignete Schlüsselbegriffe für Absolventinnen, die sich für eine Position als Assistentin der Geschäftsleitung bewerben, sind: »selbstständige Arbeitsweise«, »Ergebnisorientierung« und »Management-Informationssystem«. Im Vorstellungsgespräch lassen sich mit diesen positiven Reizwörtern Sätze bilden wie:

»Ich habe mir in ersten beruflichen Erfahrungen eine selbstständige Arbeitsweise angeeignet. So konnte ich die Ergebnisse einzelner Arbeitsgruppen in den Aufbau eines Management-Informationssystems umsetzen.«

Nutzen Sie die offene Gesprächssituation

Nutzen Sie die offene Gesprächssituation, die Sie mit Fachvorgesetzten erwartet. Setzen Sie sich mit Schlüsselbegriffen aus Ihrem zukünftigen Berufsfeld positiv in Szene. Geben Sie Beispiele aus Praktika, Werkstudententätigkeit, Projektarbeit und anderen berufsnahen Erfahrungen und steigern Sie damit das Interesse an Ihrer Person, Ihren Fähigkeiten und Kenntnissen.

Geschäftsführer und Firmeninhaber

Begegnen Ihnen Geschäftsführer beziehungsweise Firmeninhaber im Vorstellungsgespräch, können Sie mit Ihren Antworten punkten, wenn Sie sich den besonderen beruflichen Hintergrund der »Entscheider« vergegenwärtigen. Geschäftsführer beziehungsweise Firmeninhaber sind »Macher«, das heißt sie sind es gewohnt, ihre Interessen gegen den Widerstand von Personen oder Institutionen durchzusetzen. Sie sind überzeugt davon, dass persönlicher und beruflicher Erfolg mit einer überdurchschnittlichen Leistungsbereitschaft einhergehen, und sie sind wenig detail-, dafür aber umso mehr ergebnisorientiert.

Demonstrieren Sie Leistungsbereitschaft

Als Bewerber überzeugen Sie Geschäftsführer und Firmeninhaber im Vorstellungsgespräch, wenn Sie Beispiele dafür geben, wie Sie sich durchgebissen haben, um beruflich etwas zu erreichen. Zeigen Sie im Gespräch, was Sie im Studium, in Praktika und über die Pflichtvorgaben der Hochschule hinaus geleistet haben. Machen Sie klar, dass auch in Zukunft noch eine Menge von Ihnen zu erwarten ist.

Ganz besonders positiv reagieren die »Macher an der Firmenspitze« auch auf Leistungen, die über das alltägliche Maß hinausgehen. Sprechen Sie von Ihnen angeschobene Projekte in Studenteninitiativen an. Die Bereitschaft zur Übernahme von Sonderaufgaben und die entsprechenden Belege aus Ihrem bisherigen Werdegang überzeugen Führungsspitzen von Ihrer überdurchschnittlichen Leistungsmotivation und Leistungsbereitschaft.

BEISPIEL

Engagement in der Studenteninitiative

Eine Absolventin, die in einer Studenteninitiative mitgearbeitet hat, kann Geschäftsführer beeindrucken, wenn sie auf ausgewählte Projekte verweist und darstellt, dass sie von sich aus auf Unternehmen zugegangen ist. Im Gespräch könnte die Absolventin dies so darstellen:

»Um die Praxis an die Hochschule zu bringen, habe ich Unternehmensvertreter gebeten, ihre Arbeit doch einmal in der Hochschule vorzustellen. Diese Vorträge waren ein großer Erfolg, deshalb habe ich einen Hochschulförderkreis initiiert, in dem sich Berufspraktiker und Professoren treffen können. Die Studenten hatten die Möglichkeit, sich besser über die Anforderungen der Berufspraxis zu informieren. Über eine Praktikumsbörse können diese Unternehmen jetzt betriebliche Aufgaben von Studenten bearbeiten lassen. Das gesamte Projekt war ein großer Erfolg.«

Wie sind Sie mit Rückschlägen umgegangen?

Absolventen, in deren Lebensläufen berufliche Höhen und Tiefen zu erkennen sind, stoßen auf besonderes Interesse bei Geschäftsführern und Firmeninhabern. Nach deren Auffassung zeigt sich gerade in der Fähigkeit, mit Rückschlägen umzugehen und daraus entsprechende Konsequenzen für sich zu ziehen, das wahre Gesicht von Bewerbern. Zur Vorbereitung auf das Vorstellungsgespräch nehmen Sie deshalb Ihren an dieses Unternehmen geschickten Lebenslauf zur Hand und überlegen sich, an welchen Punkten Sie mit Nachfragen rechnen müssen. Überlegen Sie sich vor allem, was Sie bei Brüchen in Ihrer Entwicklung aktiv getan haben, um die Situation zum Besseren zu wenden.

BEISPIEL

Der Studienwechsel

Bei einem Studienwechsel müssen Sie immer mit Nachfragen rechnen. Geschäftsführer haben feine Antennen für wankelmütige Absolventen und wollen keinen potenziellen Aussteiger auf den ausgeschriebenen Arbeitsplatz setzen. Stellen Sie deshalb dar, dass Sie Ihre Entwicklung zielgerichtet verfolgt haben und dass der Abbruch Ihres ersten Studiums kein Knick in Ihrer Entwicklung war. Beispielsweise so:

»Ich habe bei meinem Studium immer auch meine beruflichen Möglichkeiten vor Augen gehabt. Nachdem sich herausstellte, dass ich meinen Berufseinstieg besser mit einem anderen Studium vorbereiten kann, habe ich umgesattelt. Die Kenntnisse aus meinem ersten Studium ergänzen meinen zweiten abgeschlossenen Studiengang.«

Üben Sie in diesem Zusammenhang auch, die im nächsten Kapitel beschriebene Antworttechnik »Beispiele geben« einzusetzen. Damit sind Sie in der Lage, konkrete Beispiele für Ihre überdurchschnittliche Leistungsbereitschaft in das Vorstellungsgespräch einfließen zu lassen.

AUF EINEN BLICK

Auf einen Blick
Wer sind Ihre Gesprächspartner auf der Unternehmensseite

→ Im Vorstellungsgespräch können Sie auf Personalverantwortliche, Fachvorgesetzte und Geschäftsführer treffen. Stellen Sie sich deshalb mit Ihrem Gesprächsstil flexibel auf die unterschiedlichen Gesprächspartner ein.

→ Personalverantwortliche sind vorwiegend an Ihren persönlichen Fähigkeiten interessiert.

→ Fachvorgesetzte müssen Sie davon überzeugen, dass Sie den fachlichen Anforderungen des Arbeitsplatzes gerecht werden. Dazu sollten Sie auf Ihre Praxiserfahrungen verweisen und gezielte Fragen zu Arbeitsabläufen stellen können.

→ Setzen Sie im Gespräch mit Fachvorgesetzten Schlüsselbegriffe aus dem Tagesgeschäft ein.

→ Geschäftsführer und Firmeninhaber lassen sich von Ihrer Leistungsbereitschaft und von erfolgreich bewältigten Krisen beeindrucken. Überlegen Sie sich zur Vorbereitung, wie Sie Ihre überdurchschnittliche Leistungsbereitschaft durch signifikante Beispiele belegen können.

6. Kennen Sie Gesprächstechniken?

Personalverantwortliche sind Profis in der Gesprächsführung. Sie setzen im Vorstellungsgespräch bestimmte Fragetechniken ein, um aus Ihrem Antwortverhalten Rückschlüsse auf Ihre Persönlichkeit ziehen zu können. Lassen Sie sich nicht aufs Glatteis führen. Damit Sie souverän antworten können, stellen wir Ihnen in diesem Kapitel die Techniken der Gesprächsführung vor.

Die Bedeutung Ihres Antwortverhaltens

Im Vorstellungsgespräch werden Sie von geschulten Personalverantwortlichen mit bestimmten Fragetechniken konfrontiert, auf die Sie reagieren müssen. Ihr Antwortverhalten wird hierbei genauso registriert und bewertet wie der Inhalt Ihrer Antworten.

Wir stellen Ihnen nachfolgend Fragetechniken vor und zeigen Ihnen, wie Sie mit geeigneten Antworttechniken reagieren können. Die vorgestellten Techniken können Sie natürlich auch für Ihre eigenen Fragen an die Unternehmensvertreter nutzen. Ein Bewerbungsgespräch ist keine Einbahnstraße.

Offene Fragen

Offene Fragen sind Fragen, die Sie nicht mit Ja oder Nein beantworten können. Man nennt diesen Typ auch W-Fragen: was, wie, wozu, warum, welche. (Beispiele: »Was macht Sie für die ausgeschriebene Position geeignet?« oder »Welche Unterstützung brauchen Sie von der Unternehmensseite, um erfolgreich arbeiten zu können?«)

Offene Fragen haben den Vorteil, dass sie ein Gespräch oder eine Diskussion in Schwung bringen. Sie geben dem Befragten mehr Raum zur Selbstdarstellung. Diese Fragen werden eingesetzt, um eine längere Antwort und damit größere Mengen an Informationen zu bekommen. Danach wird man versuchen, an Teilen aus der Antwort anzusetzen und diese durch weitere Fragen zu vertiefen. Problematisch für den Befragten könnte werden, dass er womöglich unwesentliche Informationen nennt, weil er an der Frage vorbeiredet.

Stellen Sie stets einen Bezug zur Einstiegsposition her

Sie bewältigen offene Fragen im Vorstellungsgespräch dann am besten, wenn Sie in Ihren Antworten immer einen Bezug zu Ihrer angestrebten Einstiegsposition herstellen und genügend Beispiele liefern. Nutzen Sie dazu auch unsere Übung »Souveränes Antwortverhalten« weiter unten in diesem Kapitel, um einen aussagekräftigen Antwortstil zu entwickeln.

Geschlossene Fragen

Schließen Sie an Ihre Antwort eine Begründung an

Geschlossene Fragen können Sie mit Ja oder Nein beantworten (Beispiele: »Haben Sie Computerkenntnisse?«, »Sind Sie ein Mensch, der andere überzeugen kann?«). Häufig wird einer geschlossenen Frage eine offene hinterhergeschickt, um sich die Antwort begründen zu lassen (»Welche Computerkenntnisse?«, »Wie überzeugen Sie andere Menschen?«). Sie sollten auch bei geschlossenen Fragen Ihren Antworten immer eine kurze Begründung anschließen. Ersparen Sie Personalverantwortlichen die Notwendigkeit, immer wieder nachbohren zu müssen. Nutzen Sie die Chance, Ihre Eignung für die Einstiegsposition immer wieder durch Beispiele zu untermauern.

BEISPIEL

Geschlossene Frage zur Teamarbeit

Frage: »Arbeiten Sie gerne im Team?«

Antwort: »Ja, ich finde, dass im Team einzelne Aufgaben besser zu koordinieren sind. Die Abstimmung von Ergebnissen führt schneller zu einer Gesamtlösung. Ich habe die Vorteile der Teamarbeit in meinem Praktikum in der Produktentwicklung kennen gelernt. Dort brachte die Abstimmung zwischen Vertrieb, Service und Entwicklung in einem Team Zeit- und Kostenvorteile.«

Geschlossene Fragen sind auch für Sie als Bewerber geeignet, um schnell an Informationen zu kommen (Beispiele: »Gibt es in der Einarbeitungszeit einen festen Ansprechpartner für mich?«, »Wurde die ausgeschriebene Position neu geschaffen?«).

Wenn Sie geschlossene Fragen stellen, sollten Sie darauf achten, dass Sie genügend Hintergrundinformationen bekommen. Lassen auch Sie sich nicht mit einem Ja oder Nein abspeisen. Fragen Sie nach, wenn Sie zu knappe Antworten bekommen, die Sie nicht zufriedenstellen.

BEISPIEL

Neu geschaffene Position

Bewerberfrage: »Werden erfolgreiche Trainees später bei Ihnen in Führungspositionen eingesetzt?«

Antwort der Firmenseite: »Ja, auf die meisten trifft dies zu.«

Nachfragen des Bewerbers: »Welche Faktoren beeinflussen die Entscheidung, ob ein Trainee in einer Führungsposition eingesetzt wird oder nicht?« Oder: »Was müsste ich tun, um mich für eine Führungsposition zu qualifizieren?«

Alternativfragen

Alternativfragen sind bestens geeignet, um Bewerber dazu zu bringen, sich vorschnell festzulegen. Machen Sie den Test und beantworten Sie die folgenden drei Fragen:

- → **Arbeiten Sie lieber im Team oder lieber allein?**
- → **Hören Sie lieber zu oder reden Sie lieber?**
- → **Ist für Sie das Gehalt wichtiger oder die berufliche Tätigkeit?**

Lassen Sie eine Präferenz erkennen

Die meisten Menschen beantworten diese Fragen entweder mit der einen oder der anderen vorgegebenen Antwortmöglichkeit. Wenn Sie jedoch in Ruhe nachdenken und verschiedene Situationen durchspielen, werden Sie feststellen, dass Teamarbeit und selbstständiges Arbeiten zusammengehören, dass Sie sowohl zuhören als auch reden und dass für Sie das Gehalt genauso wichtig ist wie eine anspruchsvolle berufliche Tätigkeit.

Nutzen Sie diese Einsichten, wenn Ihnen Alternativfragen gestellt werden (dies gilt auch für den privaten Bereich). Entscheiden Sie sich nicht vorschnell für eine vorgegebene Antwort, lassen Sie nach etwas Nachdenken aber eine Präferenz erkennen. So sieht die Firmenseite, dass Sie ganzheitlich denken und flexibel eingesetzt werden können, aber dennoch klare Wunschvorstellungen haben.

BERATUNG

Aus unserer Beratungspraxis
Die Abwärtsspirale

Eine Absolventin fühlte sich in Bewerbungsgesprächen von den Fragen der Personalverantwortlichen so stark unter Druck gesetzt, dass sie ab einem bestimmten Punkt aufhörte zu reden. Ihr Problem waren vorschnelle Festlegungen in ihren Antworten auf Alternativfragen, die dann gezielte Stressfragen nach sich zogen.

Beispielsweise antwortete sie auf die Alternativfrage »Arbeiten Sie lieber pragmatisch oder fantasievoll?« stets »Ich möchte unbedingt fantasievoll und kreativ arbeiten«. Diese einseitige Antwort führte dann zu Stressfragen wie »Haben Sie Schwierigkeiten mit Routineaufgaben aus dem Tagesgeschäft?« Ab diesem Zeitpunkt fühlte sie sich bereits unwohl. Wenn man ihr dann noch vorwarf, »zu abgehoben für den Berufsalltag« zu sein, konnte sie nur noch schweigen.

Wir trainierten mit ihr, Alternativfragen aufzulösen, sodass sie in der Lage war, differenziert zu antworten. Auf die Frage nach der Vorliebe für praxisnahes oder kreatives Arbeiten konnte sie nun antworten:

»Aus meinem Praktikum bei einer Werbeagentur weiß ich, dass auch die Routine im Tagesgeschäft erledigt werden muss. Das gehört einfach dazu. Dennoch erwartet der Kunde ja kreative und neuartige Vorschläge. In den Projektbesprechungen konnte ich immer wieder gute Anregungen geben, die später auch realisiert wurden. Daher arbeite ich gerne kreativ.«

So bekam sie die Sicherheit, das Vorstellungsgespräch im Griff zu haben und auf einer Wellenlänge mit dem Personalverantwortlichen zu sein.

Fazit: Unangenehme Fragen im Bewerbungsgespräch resultieren nicht aus der Bösartigkeit der Personalverantwortlichen, sondern in der Regel daraus, dass Bewerber Personalverantwortliche durch einseitiges oder einsilbiges Antwortverhalten zum Nachfassen zwingen.

Stressfragen

Sie kennen es noch aus der Schule – Sie gaben eine richtige Antwort, und der Lehrer guckte Sie erstaunt an und fragte: »Bist du sicher?« Schon korrigierten Sie unter dem Gelächter der Klasse Ihre Antwort, worauf der Lehrer sagte: »Leider falsch, die erste Antwort war schon richtig. Du hast es also doch nicht gewusst und nur geraten.«

Subtile Verunsicherungstaktiken

Auch Personalverantwortliche nutzen eine ähnliche Technik, um Sie zu verunsichern und Stressreaktionen hervorzurufen. Allerdings wird diese Technik im Vorstellungsgespräch etwas subtiler eingesetzt. Nachdem Sie eine Frage beantwortet haben, schweigen Ihre Gesprächspartner einfach und stellen nicht sofort die nächste Frage. Um Sie weiter unter Druck zu setzen, werden Sie mit einem bohrenden Blick angesehen. Die meisten Bewerber setzen nun ein zweites Mal an und reden so lange, bis der gute erste Teil der Antwort verblasst ist und nur noch unzusammenhängende Informationen im Raum stehen. Zu diesem Zeitpunkt merkt auch der Bewerber, dass er Unsinn redet, allerdings traut er sich jetzt nicht mehr aufzuhören. Er redet dann so lange weiter, bis sein Monolog von seinem Gegenüber unterbrochen wird.

Wir nennen diesen Fehler »nachdieseln«. Der Absolvent, der mit langen Pausen und bohrenden Blicken nicht vertraut

Die beste Reaktion: kurze, präzise Antworten

ist, setzt ein zweites Mal an; genauso wie ein PKW, der noch weiterläuft, wenn der Schlüssel im Zündschloss schon abgezogen ist. Trainieren Sie unbedingt, auf Fragen kurze und präzise Antworten zu geben und kritischen Blicken standzuhalten, sonst beginnt man, an Ihrer emotionalen Stabilität zu zweifeln.

Reagieren Sie sachlich

Stressfragen werden in Vorstellungsgespräche regelmäßig eingebaut. Anmerkungen wie »Ich glaube, Sie sind nicht der Richtige für uns!«, »Sind Sie mit Ihrem Studium nicht überqualifiziert/unterqualifiziert für diesen Arbeitsplatz?« oder »Die Noten in Ihren Hochschulzeugnissen sind ziemlich schlecht!« dienen dazu, im Schnellverfahren zu überprüfen, wie Sie unter Druck reagieren.

Gehen Sie nicht auf Unterstellungen oder Behauptungen ein, sondern beziehen Sie sich auf die fachlichen Kenntnisse und persönlichen Fähigkeiten, die Sie für den zukünftigen Arbeitsplatz mitbringen. Stellen Sie dar, warum gerade Sie mit Ihren Kenntnissen und Fähigkeiten für den zu vergebenden Arbeitsplatz geeignet sind. Trainieren Sie anhand unserer nachfolgenden Übung »Stressfragen entschärfen« Ihre souveräne Reaktion.

BEISPIEL

Fehlende Arbeitsbereitschaft?

Wenn Sie auf die Unterstellung »Sie scheinen nicht besonders gerne zu arbeiten?« mit rotem Kopf reagieren und viel zu laut oder leise behaupten »Natürlich arbeite ich gerne!«, so ist diese Vorstellung nicht sehr überzeugend. Sie sind auf einen Stresstest hereingefallen. Antworten Sie lieber sachlich und beherrscht und schildern Sie eine Situation, die Ihre Leistungs- und Belastungsfähigkeit dokumentiert, beispielsweise so:

»Während der Examensphase habe ich gearbeitet, um meinen Lebensunterhalt zu verdienen. Über einen Zeitraum von sechs Monaten habe ich tagsüber gelernt und nachts Geld verdient. Meine Examensleistungen sind trotz dieser Doppelbelastung überzeugend.«

ÜBUNG

Stressfragen entschärfen

In dieser Übung werden Sie trainieren, auf Unterstellungen, persönliche Angriffe und Vorwürfe angemessen zu reagieren. Ihre Stressstabilität wird im Vorstellungsgespräch deutlich, wenn Sie es schaffen, Angriffe ins Leere laufen zu lassen, und immer wieder auf positive Selbstdarstellungen zurückgreifen. Stressfragen bekommen Sie so in den Griff:

1. Gehen Sie nicht auf die Unterstellung ein.
2. Stellen Sie das positive Gegenstück der Unterstellung anhand eines Beispiels dar.

Die gedankliche Überleitung von der Unterstellung zu einem positiven Inhalt gelingt Ihnen am besten, wenn Sie Ihre Antwort in Gedanken mit den beiden Worten »im Gegenteil« einleiten. *Beispiel:*

Unterstellung: »Sie scheinen Schwierigkeiten damit zu haben, sich unterzuordnen!«

Antwort: (in Gedanken: Im Gegenteil:) »Während meiner Jobs war für mich ganz klar, dass ich als Aushilfe die Aufgaben auszuführen hatte, die mir übertragen wurden. Auch in meinem Praktikum konnte ich aufgrund meiner Leistungen und meines guten Verhältnisses zu Vorgesetzten und Kollegen schnell Sonderaufgaben übernehmen.«

Antworten Sie auf die folgenden Stressfragen und üben Sie, unser Schema umzusetzen. Gewöhnen Sie sich an die gedankliche Einleitung Ihrer Antworten mit den unausgesprochenen Worten »im Gegenteil«.

»Als Akademiker haben Sie doch bestimmt Schwierigkeiten mit Routineaufgaben!«
Ihre Antwort: (in Gedanken: Im Gegenteil:) ....

....

....

→ FORTSETZUNG AUF DER NÄCHSTEN SEITE

»Ihre Zielstrebigkeit ist wohl nicht sehr ausgeprägt!«
Ihre Antwort: (in Gedanken: Im Gegenteil:) ....
....
....

»Ich glaube, Sie sind der Typ Mensch, der sich bei Schwierigkeiten eher versteckt!«
Ihre Antwort: (in Gedanken: Im Gegenteil:) ....
....
....

»Sie wissen doch noch gar nichts über die berufliche Praxis!«
Ihre Antwort: (in Gedanken: Im Gegenteil:) ....
....
....

»Glauben Sie nicht, dass Sie zu lange studiert haben?«
Ihre Antwort: (in Gedanken: Im Gegenteil:) ....
....
....

Mehr auf der CD in »Ihre Bewerbung«, Kapitel 13

Antworttechnik: Beispiele geben

Konkrete und prägnante Antworten

Das Antwortbeispiel zur Stressfrage nach der fehlenden Arbeitsbereitschaft leitet zu der Antworttechnik »Beispiele geben« über. Die meisten unvorbereiteten Hochschulabsolventinnen und Hochschulabsolventen antworten auf Fragen in Vorstellungsgesprächen zu allgemein und oberflächlich und verzichten darauf, konkrete Beispiele zu geben. Trainieren Sie, Fragen konkret und prägnant zu beantworten und ein kurzes Beispiel in ein paar Sätzen zur Verdeutlichung Ihrer Antwort anzuschließen.

BEISPIEL

Nennen Sie mir zwei Ihrer Stärken

Wenn Sie aufgefordert werden, Ihre Stärken zu nennen, sollten Sie niemals nur allgemein antworten: »Meine Stärken sind

Ausdauer und Verlässlichkeit.« Überzeugender ist eine Antwort mit Beispielen wie: »Meine Stärken sind Ausdauer und Verlässlichkeit, ich habe Firmenkontakttage an der Universität in einem Team vorbereitet. Die Hochschulverwaltung mit ins Boot zu ziehen hat viel Überzeugungsarbeit gekostet. Letztendlich konnte unsere Projektgruppe aber alle Wünsche und Anregungen der Unternehmen umsetzen.«

Flexibilität

Die Frage »Sind Sie flexibel?« sollten Sie nicht einfach nur bejahen. Besser ist es, ein konkretes Beispiel zu geben: »Ich kann mich schnell auf neue Situationen und Menschen einstellen. Während meines sechsmonatigen Auslandspraktikums in den USA war es wichtig, schnell an Informationen zu kommen, um bei den laufenden Projekten einsteigen und mitarbeiten zu können. Dies ist mir in kurzer Zeit gelungen.«

Nun sind Sie wieder am Zug. Wir haben Ihnen gezeigt, wie man mittels aussagekräftiger Beispiele eine für Personalverantwortliche zufriedenstellende Antwort geben kann. Trainieren Sie jetzt mit der nachfolgenden Übung, Ihre Antworten durch kurze, aber prägnante Beispielsituationen zu untermauern.

Souveränes Antwortverhalten

ÜBUNG

Mit dieser Übung lernen Sie, oberflächliche Antworten durch aussagekräftige zu ersetzen. Damit das Vorstellungsgespräch zu einem wirklichen Gespräch wird und eine Verhöratmosphäre gar nicht erst entsteht, sollten Ihre Antworten nicht nur konkret sein, sondern auch mindestens zwei bis drei Sätze umfassen. Unvorbereitete Bewerber neigen dazu, Schlagworte in den Raum zu stellen, ohne sie durch Beispiele verständlich zu machen.

→ FORTSETZUNG AUF DER NÄCHSTEN SEITE

Trainieren Sie jetzt, auf häufig gestellte Fragen mit dem folgenden Argumentationsschema zu antworten:

1. *Schritt:* Beantworten Sie die Frage.
2. *Schritt:* Nennen Sie eine Situation aus einem Praktikum oder anderen berufsnahen Erfahrungen.
3. *Schritt:* Nennen Sie erreichte Ziele oder von Ihnen gewonnene Erkenntnisse aus der Situation.

Beispiel: *Frage* »Sind Sie belastbar?« *Antwort:*

1. *Schritt:* »Ich kann gut mit großen Arbeitsbelastungen umgehen.«
2. *Schritt:* »In meiner praktischen Abschlussarbeit hatte ich eine umfangreiche Aufgabe in der Prozessoptimierung in der Fertigung für die Production AG übernommen. Da ich von der Annahme des Themas bis zur Abgabe der Arbeit nur sechs Monate Zeit hatte, musste ich sehr viel arbeiten, um sowohl die Erwartungen des Unternehmens als auch die meines Professors zu erfüllen.«
3. *Schritt:* »Ich habe die größere Arbeitsbelastung gerne in Kauf genommen, um meine Abschlussarbeit auf die Praxis auszurichten und berufliche Erfahrungen zu sammeln.«

Üben Sie nun, die folgenden Fragen im vorgestellten »Dreierschema« zu beantworten:

»Würden Sie sich selbst als kommunikativ beschreiben?«

1. *Schritt:* ....
   ....
2. *Schritt:* ....
   ....
3. *Schritt:* ....
   ....

»Können Sie andere motivieren?«

1. *Schritt:* ....
....
2. *Schritt:* ....
....
3. *Schritt:* ....
....

»Ist Ihnen die Übernahme von Verantwortung wichtig?«

1. *Schritt:* ....
....
2. *Schritt:* ....
....
3. *Schritt:* ....
....

»Trauen Sie sich zu, in einem Projektteam mitzuarbeiten?«

1. *Schritt:* ....
....
2. *Schritt:* ....
....
3. *Schritt:* ....
....

»Wissen Sie, wie man erfolgreiche Verhandlungen führt?«

1. *Schritt:* ....
....
2. *Schritt:* ....
....
3. *Schritt:* ....
....

»Können Sie kreativ arbeiten?«

1. *Schritt:* ....
....
2. *Schritt:* ....
....
3. *Schritt:* ....
....

→ FORTSETZUNG AUF DER NÄCHSTEN SEITE

»Welchen Arbeitsstil bevorzugen Sie?«

1. *Schritt:* ....

....

2. *Schritt:* ....

....

3. *Schritt:* ....

....

AUF EINEN BLICK

Auf einen Blick
Kennen Sie Gesprächstechniken?

→ Die Auseinandersetzung mit Frage- und Antworttechniken gibt Ihnen im Vorstellungsgespräch Sicherheit.

→ Setzen Sie sich mit den Besonderheiten von offenen Fragen, geschlossenen Fragen, Alternativfragen und Stressfragen auseinander.

→ Wenn Ihnen offene Fragen gestellt werden, sollten Sie die Chance nutzen, viele Informationen über sich zu vermitteln. Achten Sie darauf, mit Ihren Antworten immer einen Bezug zur ausgeschriebenen Stelle herzustellen.

→ Sie beantworten geschlossene Fragen souverän, wenn Sie Ihre Antwort kurz begründen.

→ Legen Sie sich bei Alternativfragen mit Ihren Antworten nicht zu früh fest.

→ Lassen Sie sich durch Stressfragen nicht zu schnell aus dem Konzept bringen. Trainieren Sie, auf Unterstellungen gelassen zu reagieren.

→ Üben Sie, die Antworttechnik »Beispiele geben« im Vorstellungsgespräch einzusetzen. Mit aussagekräftigen Antworten setzen Sie sich von Durchschnittskandidaten ab.

7. Was sind Ihre Stärken und Schwächen?

Kein Vorstellungsgespräch verläuft ohne die berüchtigten Fragen nach den Stärken und Schwächen des Bewerbers. Dieses Kapitel hilft Ihnen zu erkennen, welche Stärken von Unternehmensseite gewünscht werden und wie sich Schwächen so darstellen lassen, dass Sie sich nicht selbst aus dem Vorstellungsgespräch hinauskatapultieren.

Setzen Sie sich rechtzeitig mit Ihren Stärken und Schwächen auseinander

Die Frage nach Stärken und Schwächen ist fester Bestandteil vieler Vorstellungsgespräche. Setzen Sie sich daher unbedingt vorher mit Ihren Stärken und Schwächen auseinander, damit Sie Ihre persönlichen Fähigkeiten überzeugend präsentieren und konkret belegen können.

Für viele Personalverantwortliche sind die Fragen nach den Stärken und Schwächen ein wichtiger Punkt bei der Überprüfung des Bewerberprofils. Die Frage »Nennen Sie mir bitte drei Stärken und drei Schwächen von Ihnen!« taucht deshalb in Vorstellungsgesprächen regelmäßig auf.

In unseren Vorträgen, Seminaren und Einzelberatungen werden wir eigentlich immer gefragt »Welche Stärken von mir soll ich nennen?« und »Wie aufrichtig muss ich bei der Angabe meiner Schwächen sein?«. Diesen grundsätzlichen Fragen wollen wir im Folgenden nachgehen, damit Sie nicht nur ohne Angst auf die Frage reagieren, sondern sie auch in angemessener Weise beantworten können.

Stärken

So bereiten Sie sich optimal vor

Kommen wir zuerst zu den Stärken. Unsere im letzten Kapitel »Kennen Sie Gesprächstechniken?« dargestellte Antworttechnik »Beispiele geben« lässt sich auch bei der Darstellung Ihrer Stärken im Vorstellungsgespräch optimal einsetzen. Bereiten Sie sich so vor:

1. **Zuerst überlegen Sie sich, welche Stärken für den von Ihnen angestrebten Arbeitsplatz wichtig sind,**
2. **dann wählen Sie die zu Ihnen passenden Stärken aus und**
3. **abschließend suchen Sie nach Beispielen in Ihrem Lebenslauf, anhand derer Sie konkret zeigen können, in welchen Situationen Sie diese Stärken bereits eingesetzt haben.**

Wählen Sie bei der Darstellung Ihrer Stärken Situationen aus Ihren Praxiserfahrungen oder aus sonstigen berufsnahen Arbeiten.

BEISPIEL

Belastungsfähigkeit

»Ich kann mit überdurchschnittlichen Arbeitsbelastungen umgehen. Parallel zum Studium habe ich in Kneipen und Bistros gejobbt. Manchmal war es gar nicht so leicht, nach einer langen Nachtschicht am nächsten Morgen die Vorlesungen oder Seminare zu besuchen. Dennoch habe ich diese Doppelbelastung bewältigt.«

Analytisches Denken

»Eine meiner Stärken ist meine analytische Arbeitsweise. Diese Stärke kam mir in meinem Praktikum bei der ABC GmbH zugute. Dort habe ich ein Projekt zur Fertigungsoptimierung durchgeführt. Zuerst habe ich die einzelnen Fertigungsschritte analysiert, dann Verbesserungsvorschläge erarbeitet und diese zusammen mit einer Wirtschaftlichkeitsberechnung der Geschäftsleitung vorgelegt. Ausgewählte Punkte habe ich dann zusammen mit meinem Betreuer und den Bedienungsmannschaften umgesetzt.«

Finden Sie praxisnahe Belege

Im Vorstellungsgespräch ist die Vermittlung Ihrer Stärken gefragt. Es nützt nichts, Begriffe für persönliche Stärken einfach auswendig zu lernen und dem Personalverantwortlichen an den Kopf zu werfen. Sie haben an unseren Beispielen gesehen, wie praxisnah die Bewerber ihre Stärken belegt haben. Machen Sie nun unsere Übung zu diesem Thema, damit auch Sie überzeugend Ihre Stärken vermitteln können.

Stärken erkennen und vermitteln

ÜBUNG

Um überzeugend zu wirken, müssen Sie drei Stärken nennen können. Überlegen Sie sich die Stärken, die kennzeichnend für Sie sind.

Entscheiden Sie sich nur für Stärken, für die Sie Beispiele aus Praktika oder anderen berufsnahen Erfahrungen als Beleg finden können.

1. *Schritt:* Trainieren Sie, das Stichwort, das Ihre Stärke kennzeichnet, mit einem vollständigen Satz zu umschreiben.
2. *Schritt:* Nennen Sie eine konkrete Situation, anhand derer Ihre Stärke deutlich wird.

Beispiel »Begeisterungsfähigkeit«:

1. *Schritt:* »Ich kann mich und andere gut für neue Aufgaben begeistern und mitreißen.«
2. *Schritt:* »Für den Aufbau einer Online-Hochschulzeitung habe ich ein Konzept entworfen und bin dann auf Studenten zugegangen, von denen ich wusste, dass sie über besondere Fähigkeiten verfügen. Nach kurzer Zeit hatte ich ein schlagkräftiges Team zusammengestellt, das bereit war, ohne Bezahlung Aufbauarbeit zu leisten.«

Jetzt können Sie durchstarten. Definieren Sie drei eigene Stärken oder wählen Sie Ihre Stärken aus der folgenden Liste aus.

- → Durchsetzungsfähigkeit
- → Begeisterungsfähigkeit

→ FORTSETZUNG AUF DER NÄCHSTEN SEITE

- → Engagement
- → Verantwortungsbewusstsein
- → Teamfähigkeit
- → Leistungsbereitschaft
- → Kontaktstärke
- → Analytisches Denken
- → Einfühlungsvermögen
- → Kreativität/eigene Ideen
- → Kompromissbereitschaft
- → Aufgeschlossenheit
- → Risikobereitschaft
- → Verlässlichkeit
- → Entschlussbereitschaft
- → Belastungsfähigkeit

Alle drei ausgewählten Stärken setzen Sie nun nach dem von uns vorgestellten Schema um.

Stärke 1

1. *Schritt:* ....
   ....
2. *Schritt:* ....
   ....

Stärke 2

1. *Schritt:* ....
   ....
2. *Schritt:* ....
   ....

Stärke 3

1. *Schritt:* ....
   ....
2. *Schritt:* ....
   ....

Mehr auf der CD in »Ihre Bewerbung«, Kapitel 10

Schwächen

Nehmen Sie die Frage ernst

Kommen wir nun zu Ihren Schwächen. Wichtig hierbei ist, dass Ihr Gegenüber im Vorstellungsgespräch den Eindruck gewinnt, dass Sie sich mit Ihren persönlichen Stärken und Schwächen auseinandergesetzt haben. Wenn Sie also sagen: »Ich habe keine Schwächen!«, deutet man dies als Überheblichkeit und wird Ihnen mangelnde Selbstkritik unterstellen. Hier haken Personalverantwortliche sofort nach, beispielsweise mit Fragen wie »Warum sind Sie dann noch nicht Junior-Partner bei einer Unternehmensberatung?« oder »Warum sind Ihre Hochschulzeugnisse dann nur mittelmäßig?«. Irgendeinen wunden Punkt hat jeder, und in einer Stresssituation finden Personalverantwortliche ihn noch schneller.

Vermeiden Sie humorvolle Antworten

Wenn Sie nach Ihren Schwächen gefragt werden, ist auch Humor fehl am Platz. Antworten Sie bitte nicht: »Meine größte Schwäche ist, dass ich abends manchmal das Zähneputzen vergesse.« Denn auch bei »witzigen« Antworten wird sofort nachgehakt: »Vielen Dank für Ihre humorvolle Einlage. Wie Sie wissen, warten draußen noch weitere Bewerber, bitte beantworten Sie nun meine Frage nach Ihren Schwächen!« Beachten Sie dazu die Grundregeln im Umgang mit Personalverantwortlichen:

- → **Sei niemals besser als der Personalverantwortliche … darum müssen Sie Schwächen haben!**
- → **Sei niemals fröhlicher als der Personalverantwortliche … sonst schließt man aus Ihrer fehlenden Anpassungsfähigkeit im Vorstellungsgespräch, dass Sie sich auch im Betriebsalltag nicht anpassen werden!**

Aus unserer Beratungspraxis Humorvolle Bewerber

BERATUNG

Wenn wir in unseren Workshops die berühmte Frage nach den Schwächen stellen, werden wir häufig mit lustigen Antworten konfrontiert. Die irrige Ansicht vieler Hochschulabsolventen, dass ein Vorstellungsgespräch ein Schlagabtausch wäre, lässt

→ FORTSETZUNG AUF DER NÄCHSTEN SEITE

sich auch bei der Darstellung der Stärken und Schwächen wiederfinden.

Mit strahlendem Siegerlächeln nennen Teilnehmer Schwächen wie »Ich putze mir manchmal abends die Zähne nicht«, »Ich habe eine Schwäche für schöne Frauen« oder »Bei einem leckeren Tortenstück werde ich ganz schwach«. Bei diesen Antworten sehen wir plastisch vor uns, wie schnell das Lächeln aus den Gesichtern der Bewerber verschwinden würde, wenn sie diese Antworten im Vorstellungsgespräch wirklich geben würden.

Der Versuch, einen Personalverantwortlichen auf den Arm zu nehmen, signalisiert ihm, dass der betreffende Bewerber das Vorstellungsgespräch nicht ernst nimmt. Der Personalverantwortliche wird daraufhin auf Konfrontation umschalten. Im besten Fall folgt die Aufforderung, doch endlich die Frage nach den Schwächen zu beantworten. Im schlimmsten Fall wird der Bewerber wegen mangelnder Reflexionsfähigkeiten abgelehnt. Wenn die Gesprächsatmosphäre erst einmal getrübt ist, ist es sehr schwer, zu einem sachlichen Gesprächsstil zurückzufinden.

Fazit: Es gibt im Bewerbungsverfahren keine billigen Tricks, mit denen Sie Personalverantwortliche aushebeln können. Eine intensive Auseinandersetzung mit der eigenen Persönlichkeit ist für Hochschulabsolventinnen und -absolventen unverzichtbar. Dazu gehört auch, eigene Schwächen benennen zu können.

So legen Sie Ihre Schwäche optimal dar

Um Ihre Fähigkeit zur Selbstreflexion unter Beweis zu stellen, müssen Sie in der Lage sein, eine Schwäche von sich zu nennen. Damit diese nicht als schwerwiegender Makel erscheint, sollten Sie die Darstellung Ihrer Schwäche sorgfältig aufbauen. Das folgende Schema ist dafür optimal geeignet. Gehen Sie dazu wieder in drei Schritten vor:

1. ***Schritt:*** **Nennen Sie die Schwäche in einem Satz und benutzen Sie Relativierungen (beispielsweise: manchmal, ab und zu, gelegentlich, es kommt vor, früher).**
2. ***Schritt:*** **Geben Sie ein Beispiel dafür, wie sich die Schwäche in der Vergangenheit bemerkbar gemacht hat.**
3. ***Schritt:*** **Legen Sie dar, was Sie getan haben, um Ihre Schwäche in den Griff zu bekommen.**

BEISPIEL

Direktheit

»Ich bin manchmal zu direkt und offen im Gespräch. Mit meiner Vorliebe für klare Worte habe ich hin und wieder Mitstudenten vor den Kopf gestoßen. Heute passe ich besser auf, dass ich den richtigen Zeitpunkt und die richtige Situation wähle, um meine Meinung zu äußern.«

Und jetzt wieder zu Ihnen: Trainieren Sie anhand unserer Übung, einige Schwächen nach unserem Schema für Ihre Vorstellungsgespräche aufzubereiten. Bereiten Sie sich auf diese Frage im Vorstellungsgespräch besonders gründlich vor.

ÜBUNG

Schwächen darstellen

Schreiben Sie zuerst alle Ihre Schwächen auf. Gehen Sie sie dann einzeln durch und überprüfen Sie, ob sich die Schwäche mit unserem dreistufigen Schema in einer für das Vorstellungsgespräch geeigneten Weise darstellen lässt. Eine gut aufgebaute Schwäche könnte so aussehen:

1. *Schritt:* »Ich bin manchmal zu abwartend.«
2. *Schritt:* »So wurde mir im Praktikum gesagt, dass ich mehr Fragen stellen sollte. Ich war erst überrascht, weil ich dachte, dass das stört. Ich hatte viele Fragen und nur auf

→ FORTSETZUNG AUF DER NÄCHSTEN SEITE

eine gute Gelegenheit gewartet, bei der ich sie stellen konnte.«

3. *Schritt:* »Heute warte ich nicht mehr so lange, ich werde schneller von mir aus aktiv.«

Jetzt zu Ihren Schwächen: Wenn Sie mehrere Schwächen gefunden haben, die man mit diesem Schema vorstellen kann, sollten Sie sich nun für diejenige entscheiden, die Sie bei der zukünftigen Arbeit am wenigsten behindert.

Meine Schwäche:

1. *Schritt:* ....
   ....
2. *Schritt:* ....
   ....
3. *Schritt:* ....
   ....

Zur Sicherheit (nur bei Nachfrage) zwei weitere Schwächen:

2. Schwäche:

1. *Schritt:* ....
   ....
2. *Schritt:* ....
   ....
3. *Schritt:* ....
   ....

3. Schwäche:

1. *Schritt:* ....
   ....
2. *Schritt:* ....
   ....
3. *Schritt:* ....
   ....

Achten Sie bitte auch darauf: Verfallen Sie bei der Frage »Nennen Sie mir drei Stärken und drei Schwächen von Ihnen!« nicht ins Aufzählen von Schwächen. Nennen Sie immer drei Ihrer Stärken, aber nur eine Schwäche. Weitere Schwächen sollten Sie nur auf Nachfrage nennen.

Nennen Sie immer nur eine Schwäche

Auf einen Blick
Was sind Ihre Stärken und Schwächen?

AUF EINEN BLICK

→ Die Frage nach den Stärken und Schwächen ist ein zentraler Punkt in vielen Vorstellungsgesprächen.

→ Sie sollten im Vorstellungsgespräch drei Stärken präsentieren können.

→ Geben Sie Ihre Stärken nicht nur als abstraktes Schlagwort an. Stellen Sie Ihre Stärken anhand von Beispielen dar.

→ Bereiten Sie für das Vorstellungsgespräch drei Schwächen vor, die Sie problemlos nennen können.

→ Werden Sie nach Ihren Schwächen gefragt, nennen Sie zunächst eine und erst auf weitere Nachfrage die zweite und dritte Schwäche.

→ Orientieren Sie sich bei der Darstellung Ihrer Schwäche an unserem dreistufigen Schema:
1. Schwäche nennen,
2. Beispiel dafür geben, wie sich die Schwäche bemerkbar gemacht hat,
3. darlegen, was Sie getan haben, um die Schwäche in den Griff zu bekommen.

8. Mit diesen Fragen müssen Sie rechnen

In Vorstellungsgesprächen werden Ihnen Fragen aus verschiedenen Themenbereichen gestellt. Sie können mit Ihren Antworten nur dann überzeugen, wenn Sie wissen, was die Unternehmen mit ihren Fragen bezwecken. Wir erläutern Ihnen in diesem Kapitel die Hintergründe der gestellten Fragen und welche Strategien Sie in Ihrem Antwortverhalten nutzen können.

Auf diese Fragenkomplexe sollten Sie sich einstellen

Einer der größten Fehler von Hochschulabsolventen besteht darin, sich im Vorstellungsgespräch unabsichtlich als Student darzustellen, der den Schonraum Hochschule niemals verlassen möchte. Sie überzeugen nur dann, wenn Sie in Ihre Antworten Beispiele mit Bezug zur Berufswelt integrieren, also auf Praktika, Projektarbeiten oder andere berufsnahe Erfahrungen verweisen.

Mit Ihrer ausgearbeiteten Selbstpräsentation, mit dem Wissen um sinnvolle Antworttechniken und geeignete Stärken und Schwächen haben Sie das notwendige Rüstzeug für Vorstellungsgespräche zur Hand. Jetzt kommt es darauf an, dieses Wissen einzusetzen. In den nun folgenden Fragenkomplexen stellen wir Ihnen die typischen Fragen von Vorstellungsgesprächen vor. Dabei handelt es sich um Fragen:

- → **zur Leistungsmotivation des Bewerbers,**
- → **zum Unternehmen,**
- → **zur Entwicklung in Schule und Studium,**
- → **zur Persönlichkeit und**
- → **zur privaten Lebensgestaltung.**

Sie können die Fragenkomplexe jetzt durcharbeiten oder zunächst in unser Kapitel »100 Fragen und Antworten aus Vorstellungsgesprächen« wechseln. Dort finden Sie ausgewählte

Beispielantworten, die Ihnen helfen, Ihren eigenen Stil zu entwickeln beziehungsweise weiter auszubauen.

Fragen zur Leistungsmotivation des Bewerbers

Überprüfung Ihrer Leistungsbereitschaft

Wir haben Ihnen die sieben wichtigsten persönlichen Fähigkeiten vorgestellt, die von Hochschulabsolventen erwartet werden. Dazu gehört auch die Leistungsbereitschaft. Die Überprüfung Ihrer Leistungsbereitschaft ist für Unternehmen von so außerordentlichem Interesse, dass Ihnen hierzu vertiefende Fragen gestellt werden. Die Unternehmen wollen herausfinden, ob Arbeit für Sie eher ein notwendiges Übel oder eine Möglichkeit zur Selbstverwirklichung ist.

Im Fragenblock »Leistungsmotivation des Bewerbers« will man feststellen, wie ausgeprägt Ihr Wunsch ist, gerade in dem von Ihnen angestrebten Tätigkeitsfeld zu arbeiten. Auf die Frage »Was erwarten Sie von einer Anstellung bei uns?« reichen Antworten wie »Die Aufgabe interessiert mich« oder »Ich freue mich auf die Herausforderung in Ihrem Unternehmen« nicht aus.

Der Berufseinstieg als Ziel, auf das Sie hingearbeitet haben

Stellen Sie in Ihren Antworten Ihre bisherigen Leistungen im Studium und besonders in Ihren Praktika heraus, sodass beim Zuhörer innerlich die Überzeugung entsteht, dass die von Ihnen angestrebte Einstiegsposition eine konsequente Fortsetzung Ihres einmal eingeschlagenen Weges bedeutet. Beziehen Sie sich auf Ihre Selbstpräsentation. Zeigen Sie, dass Sie sich durch das Erreichen von Zielen motivieren. Verdeutlichen Sie, dass der Berufseinstieg das wesentliche Ziel ist, auf das Sie hingearbeitet haben.

Vermeiden Sie auf jeden Fall den Eindruck, dass Ihnen eigentlich jede gut bezahlte Tätigkeit recht ist. Liefern Sie Beispiele dafür, wann Sie sich bewusst für die von Ihnen angestrebte berufliche Position entschieden haben, was Sie während Ihres Studiums an praktischen Erfahrungen für Ihr Berufsfeld gesammelt haben und welche Ihrer fachlichen Kenntnisse und persönlichen Fähigkeiten Sie in der Einstiegsposition einsetzen können.

BEISPIEL

Leistungsmotivation des Bewerbers

Frage: »Was interessiert Sie an der ausgeschriebenen Stelle?«

Antwort: »In meinem Betriebswirtschaftsstudium habe ich den Schwerpunkt auf die Bereiche Marketing und Produktmanagement gelegt. Ich möchte meine Kenntnisse im Marketing in Ihrem Unternehmen weiter ausbauen. Dafür bringe ich erste Erfahrungen in der Zusammenarbeit mit Werbeagenturen und Marktforschungsinstituten mit. Die Erstellung werbewirksamer Präsentationsunterlagen ist mir vertraut.«

Frage: »Wie stellen Sie sich Ihre Einarbeitung vor?«

Antwort: »Einige Aufgaben könnte ich sicherlich sofort übernehmen. Dazu gehört die Erstellung von Marktanalysen, die Aufbereitung von Wettbewerbervergleichen und die Internet-Recherche. Es wäre schön, wenn ich einen festen Ansprechpartner in der Einarbeitungszeit hätte, der mich mit den Informations- und Entscheidungswegen in Ihrem Unternehmen vertraut macht.«

Machen Sie nun unsere Übung mit vielen typischen Fragen zur Leistungsmotivation, damit Sie ähnlich souverän wie in den beiden Beispielen antworten können.

ÜBUNG

Fragen zur Leistungsmotivation

Lesen Sie sich zuerst die Fragen durch und versuchen Sie, möglichst spontan zu antworten. Auf diese Weise merken Sie, welche Fragen für Sie schwieriger zu beantworten sind. Wenn Sie sich beim Formulieren von Antworten unsicher sind, sollten Sie zuerst einmal stichwortartig aufschreiben, was grundsätzlich in die Antwort gehört. Überlegen Sie sich zum Beispiel zu der Frage »Welche Pläne haben Sie für Ihre Weiterbildung?« die speziellen Weiterbildungsmaßnahmen, die zu Ihrer Einstiegsposition passen.

Wichtig ist an dieser Stelle erst einmal, dass Sie sich über die Inhalte der Antworten klar werden. Formulierungshilfen und Anregungen für geeignete Antworten finden Sie später in unseren 100 Beispielfragen und Beispielantworten.

»Was erwarten Sie von einer Anstellung bei uns?«
Ihre Antwort: ....
....

»Was hat Sie an unserer Anzeige besonders angesprochen?«
Ihre Antwort: ....
....

»Was würden Sie am ersten Tag in unserem Unternehmen machen?«
Ihre Antwort: ....
....

»Wie lange brauchen Sie für die Einarbeitungsphase?«
Ihre Antwort: ....
....

»Was reizt Sie an der ausgeschriebenen Position am meisten?«
Ihre Antwort: ....
....

»Was wollen Sie in drei/fünf/zehn Jahren erreicht haben?«
Ihre Antwort: ....
....

»Welche Pläne haben Sie für Ihre Weiterbildung?«
Ihre Antwort: ....
....

»Was brauchen Sie, um beruflich erfolgreich zu sein?«
Ihre Antwort: ....
....

→ FORTSETZUNG AUF DER NÄCHSTEN SEITE

Mehr auf der CD in »Ihre Bewerbung«, Kapitel 13

»Wenn Sie einen Stellvertreter für sich auszusuchen hätten, welche Kenntnisse und Fähigkeiten müsste er mitbringen?«
Ihre Antwort: ....
....

»Warum haben Sie sich gerade bei uns beworben?«
Ihre Antwort: ....
....

»Können wir Sie auch in anderen Unternehmensbereichen einsetzen, wenn ja in welchen?«
Ihre Antwort: ....
....

»Wo haben Sie sich sonst noch beworben?«
Ihre Antwort: ....
....

»Interessiert Sie auch eine andere Tätigkeit als die ausgeschriebene?«
Ihre Antwort: ....
....

»Würden Sie für unser Unternehmen nach Nord-, Süd-, West- oder Ostdeutschland (-europa) gehen?«
Ihre Antwort: ....
....

»Was machen Sie, wenn Sie diese Stelle nicht bekommen?«
Ihre Antwort: ....
....

»Haben Sie schon einmal mit dem Gedanken gespielt, sich selbstständig zu machen?«
Ihre Antwort: ....
....

»Seit wann haben Sie den Wunsch, eine berufliche Tätigkeit als XYZ auszuüben?«
Ihre Antwort: ....
....

»Wie lange werden Sie in unserem Unternehmen bleiben?«
Ihre Antwort: ....
....

Gründliche Vorbereitung der Fragen

Sie sehen, dass die Antworten auf diese Fragen gründlich vorbereitet werden müssen. Im Vorstellungsgespräch haben Sie nicht genügend Zeit für Reflexionen und Standortbestimmungen. Nutzen Sie deshalb die Chance, sich vorher mit den möglichen Fragen auseinanderzusetzen.

Fragen zum Unternehmen

Personalverantwortliche wollen feststellen, wie ernst Sie es mit Ihrer Bewerbung meinen, und überprüfen darum, wie gründlich Sie sich mit dem Unternehmen auseinandergesetzt haben. Im Zeitalter des Internets ist es viel leichter geworden, aktuelle Informationen über Unternehmen zu bekommen – nutzen Sie diese Möglichkeit! Auf den Homepages der Unternehmen, Verbände und Organisationen finden Sie vielfältige Informationen, beispielsweise zu künftigen Wachstumsfeldern, über die Marktposition, zu Auslandsmärkten und über die Kundenstruktur. Insbesondere in großen Konzernen liefern Ihnen Menüpunkte wie »Investor Relations«, »Corporate News« oder »Geschäftsberichte« wertvolle Informationen. Zusätzlich sollten Sie sich mit dem Unternehmensleitbild (der Corporate Identity) auseinandersetzen. Typische Fragen können Sie mit unserer nachfolgenden Übung trainieren.

Vermitteln Sie, dass es sich um Ihren Wunscharbeitgeber handelt

Zum Teil werden die Fragen zum Unternehmen auch eingesetzt, um Ihre Auffassungsgabe zu überprüfen. Dazu werden Ihnen am Anfang des Gespräches Informationen gegeben, die später abgefragt werden. Sie müssen auch hier mit Ihren Antworten vermitteln, dass Sie sich bei Ihrem Wunscharbeitgeber befinden und nicht bei einem Unternehmen zweiter Wahl. Sonst verspielen Sie wichtige Sympathiepunkte.

ÜBUNG

Fragen zum Unternehmen

Um die Fragen zum Unternehmen beantworten zu können, benötigen Sie Informationen. Recherchieren Sie direkt auf der Firmenhomepage und geben Sie den Firmennamen in Suchmaschinen ein, um beispielsweise Presseberichte auszuwerten. Versuchen Sie, so viele Informationen über das Unternehmen wie möglich in Ihre Antworten einfließen zu lassen.

Ihre Antworten sollten Sie schon bei Ihrer Vorbereitung ausformulieren, damit Sie im Bewerbungsgespräch nicht in ein bloßes Faktenaufzählen verfallen.

»Was wissen Sie über unser Unternehmen?«
Ihre Antwort: ....
....

»Kennen Sie unsere Produkte/Dienstleistungen? Was interessiert Sie daran?«
Ihre Antwort: ....
....

»Kennen Sie noch andere Unternehmen unserer Branche?«
Ihre Antwort: ....
....

»Nennen Sie mir fünf unserer Produkte/Dienstleistungen!«
Ihre Antwort: ....
....

»Wissen Sie, wer unsere stärksten Mitbewerber sind?«
Ihre Antwort: ....
....

»Nennen Sie uns drei Produkte unserer Mitbewerber!«
Ihre Antwort: ....
....

»Kennen Sie weitere Standorte unseres Unternehmens (Deutschland, Europa, weltweit)?«
Ihre Antwort: ....
....

»Wissen Sie, wie viele Mitarbeiter wir beschäftigen?«
Ihre Antwort: ....
....

»Kennen Sie unseren Jahresumsatz?«
Ihre Antwort: ....
....

»Kennen Sie die Kursentwicklung unserer Aktie?«
Ihre Antwort: ....
....

»Was wissen Sie über unsere Branche?«
Ihre Antwort: ....
....

»Welchen Eindruck haben Sie von unserem Unternehmen?«
Ihre Antwort: ....
....

Die Suche nach ausführlichen Informationen über Ihren ersten Arbeitgeber ist ein wichtiger Punkt in Ihrer Gesprächsvorbereitung. Sie müssen Ihr Interesse am Unternehmen deutlich machen, sonst schwindet das Interesse an Ihnen.

Fragen zur Entwicklung in Schule und Studium

Verweisen Sie auf besondere Kenntnisse

Die Frage »Würden Sie wieder den gleichen Studiengang wählen?« ist geeignet, um festzustellen, wie stark Sie sich mit Ihrem angestrebtem Beruf beziehungsweise Tätigkeitsfeld identifizieren. Verweisen Sie auf besondere Kenntnisse und Fähigkeiten, die Sie während Ihres Studiums erworben haben, und beschreiben Sie, wie Sie diese Kenntnisse und Fähigkeiten praktisch eingesetzt haben. Dies dokumentiert Ihr Interesse und Ihre Begeisterung für Ihren Studiengang und zeigt, dass Sie das Ziel Ihres Studiums, die Anwendung von Wissen zur Lösung von konkreten Aufgabenstellungen, stets im Blick behalten haben.

Die kontinuierliche Entwicklung Ihrer Leistungen

In diesem Fragenkomplex werden Hochschulabsolventen gelegentlich auch Fragen aus längst vergangenen Tagen gestellt: Die Rede ist von der Schulzeit. Je anspruchsvoller die Einstiegsposition ist, desto mehr Wert legen die Personalverantwortlichen auf eine kontinuierliche Entwicklung der fachlichen Interessen und persönlichen Fähigkeiten des Bewerbers in der Schule und im Studium.

Personalverantwortliche suchen nach Mitarbeitern, die bereits in der Schulzeit gute Leistungen erbracht haben, die ihre fachlichen Interessen durch eine geeignete Fächerwahl in der Oberstufe erkannt und ausgebaut haben und die sich bereits in der Schulzeit als umgänglich im Kontakt zu Lehrern und Mitschülern gezeigt haben. Wenn Hochschulabsolventen diese Fragen zur (Schul-)Vergangenheit im Vorstellungsgespräch plausibel beantworten können und zu verstehen geben, dass ihre fachliche und persönliche Entwicklung im Studium eine Fortsetzung des bereits in der Schule eingeschlagenen Weges war, ist der Fragenblock Schule erfolgreich bewältigt.

Stellen Sie komplexe Zusammenhänge nachvollziehbar dar

Besonders häufig wird Ihnen zu diesem Fragenkomplex die Aufforderung begegnen: »Schildern Sie uns bitte Ihre Abschlussarbeit in drei Sätzen!« Hier müssen Sie aufpassen: Verheddern Sie sich mit Ihrer Antwort nicht im Gestrüpp des Hochschuljargons. Sie befinden sich nicht im Kolloquium an der Uni, sondern bei einem potenziellen Arbeitgeber. Der Sinn der Frage ist, ob Sie in der Lage sind, komplexe Zusammenhänge nachvollziehbar darzustellen. Gehen Sie folgendermaßen vor:

1. **Nennen Sie zuerst das (wissenschaftliche) Thema Ihrer Arbeit.**
2. **Beschreiben Sie dann in einfachen Worten die Aufgabenstellung.**
3. **Verweisen Sie abschließend auf einen möglichen wirtschaftlichen Nutzen oder eine praktische Verwertbarkeit.**

BEISPIEL

Abschlussarbeit im Vorstellungsgespräch darstellen

»Das Thema meiner Abschlussarbeit lautete *Integration des Umweltmanagementsystems nach DIN ISO 14001*. Ich habe die Einbindung des Umweltmanagementsystems in bestehende Qualitätssicherungssysteme untersucht und Möglichkeiten für eine reibungslose Einführung des Umweltmanagementsystems in betriebliche Abläufe entwickelt. Neben den Konzepten zur Umsetzung habe ich auch die Möglichkeiten verbesserter Mitarbeiterinformation berücksichtigt.«

Sie stellen auf diese Weise Ihre Kommunikationsfähigkeit im Vorstellungsgespräch eindrucksvoll unter Beweis. Zeigen Sie auch, dass Sie wissenschaftliche Themen Fachfremden erläutern können. Dokumentieren Sie Ihr unternehmerisches Denken, indem Sie einen möglichen Nutzen Ihrer Abschlussarbeit betonen.

ÜBUNG

Ihre Abschlussarbeit im Vorstellungsgespräch

Orientieren Sie sich bei der Darstellung Ihrer Abschlussarbeit an unserem Schema:

1. Wissenschaftliches Originalthema angeben,
2. populärwissenschaftliche Umschreibung liefern,
3. möglichen Nutzen herausstellen.

Der erste Satz in der Darstellung Ihrer Abschlussarbeit, das wissenschaftliche Originalthema, ist durch Ihren Professor vorgegeben worden. Für die Umschreibung im zweiten Satz sind Sie als Experte gefordert. Der dritte Satz bereitet Hochschulabsolventinnen und Hochschulabsolventen oft Schwierigkeiten.

→ FORTSETZUNG AUF DER NÄCHSTEN SEITE

Versuchen Sie, im dritten Satz unter Zuhilfenahme einer der folgenden Formulierungen einen Nutzen anzugeben:

→ Die Ergebnisse brachten Kostensenkungen in ....
→ Die Fehlerquote in .... wurde gesenkt.
→ Eine umfassende Darstellung der .... wurde geliefert.
→ Die Entwicklung eines .... wird weiter verfolgt.
→ Optimierungsmöglichkeiten der .... wurden vorgestellt.
→ Ein Leitfaden für .... wurde erarbeitet.
→ Vorarbeiten zu .... wurden durchgeführt.
→ Eine Dokumentation der .... wurde erstellt.
→ Die Zertifizierung des .... wurde vorbereitet.
→ Die Arbeit liefert eine Basis für weitere Untersuchungen im Bereich ....

Wie sind Sie mit Krisen umgegangen?

Auch Fragen zu Brüchen oder Krisen in Ihrer Schul- und Studienzeit sind bei Personalverantwortlichen beliebt. Im Gespräch will man feststellen, wie Sie Brüche in Ihrem Werdegang verkraftet haben. Daraus wird man dann folgern, wie ausdauernd Sie sein werden, wenn an Ihrem zukünftigen Arbeitsplatz nicht alles wie geplant verläuft. Rechnen Sie damit, dass Sie bei einem Studienwechsel mit Stressfragen wie »Geben Sie bei Problemen immer so schnell auf?« konfrontiert werden. Versuchen Sie nicht, die Schuld an Problemen in Ihrem ersten Studiengang auf die Studiensituation oder Professoren abzuschieben. Auch zu viel Ehrlichkeit ist bei solchen Fragen kontraproduktiv.

BEISPIEL

Studienwechsel

Die Frage »Warum haben Sie Ihren ersten Studiengang abgebrochen?« ist mit der Erwiderung »Ich wusste nach der Schule nicht, was ich machen sollte, deshalb bin ich in das damalige Studium quasi hineingestolpert« nicht besonders elegant beantwortet. Geeigneter wäre folgende Antwort:

»Ich bin ein Mensch, der bei Problemen nicht gleich aufgibt. Deshalb habe ich mein Erststudium erst nach vier Semestern abgebrochen. Zu diesem Zeitpunkt war für mich dann klar erkennbar, dass sich ein Studienerfolg nicht mehr einstellen würde. Das zweite Studium kam meinen Stärken X und Y viel mehr entgegen. In meinen Praktika habe ich festgestellt, dass ich die Kenntnisse A und B aus meinem ersten Studium auch für mein zukünftiges Tätigkeitsfeld nutzen kann.«

Beachten Sie bei Antworten auf Fragen wie »Was hat Sie im Studium besonders enttäuscht?« oder »Was war Ihr größter Misserfolg im Studium?« die Grundregeln der »Problemkommunikation«:

- → **Schildern Sie kurz, was Sie als problematisch erlebt haben, und**
- → **verdeutlichen Sie, wie Sie diese Probleme aktiv bewältigt haben.**

Demonstrieren Sie Problemlösungsfähigkeit

Allgemeine Statements zur Abschaffung des Berufsbeamtentums bei Professoren helfen hier nicht weiter, und auch der Verweis auf die mangelhafte Ausstattung der Hochschulen mit finanziellen Mitteln und Dozenten ist in Zeiten leerer öffentlicher Kassen gefährlich. Man könnte daraus schließen, dass Sie bei Problemen an Ihrem zukünftigen Arbeitsplatz ebenfalls einfach mehr Geld, sprich mehr Mitarbeiter oder Sachmittel, fordern werden. Das aber spricht nicht gerade für Ihre Kreativität und Problemlösungsfähigkeit.

BEISPIEL

Frust im Studium

Eine mögliche Antwort auf die Frage »Was hat Sie im Studium am meisten frustriert?« wäre:

»Mein Studium hat mir gut gefallen, die Praxisanteile waren allerdings nicht sehr hoch. Ich habe daher bereits im Grundstudium ein Praktikum gemacht, um mich mit den späteren beruflichen Anforderungen vertraut zu machen. Dies hat mir gut gefallen, deshalb habe ich im Hauptstudium zwei weitere Praktika in den Bereichen ABC und DEF durchgeführt. Ich finde, jeder hat selbst in der Hand, was er aus seinem Studium macht.«

Im Fragenblock zu Ihrer Entwicklung im Studium will man auch wissen, welche Kenntnisse und Fähigkeiten Sie sich außerhalb Ihres Studiums angeeignet haben. Wenn Sie Beispiele dafür geben können, dass Sie sich PC-Kenntnisse selbst angeeignet haben, dass Sie in Hochschulgruppen aktiv mitgearbeitet haben, dass Sie an Fachvorträgen außerhalb der Hochschule teilgenommen haben oder dass Sie Fachmessen besucht haben, werden Ihre Gesprächspartner auf Unternehmensseite dies wohlwollend registrieren. Dann wird zu Ihren Gunsten vermutet, dass Sie auch an Ihrem zukünftigen Arbeitsplatz Ihre persönliche und fachliche Entwicklung aktiv mitgestalten werden.

Vermitteln Sie eine konsequente Entwicklung Ihrer Fähigkeiten

Zusammenfassend lässt sich festhalten, dass Sie den Fragenblock zur Entwicklung in Schule und Studium dann erfolgreich bestehen, wenn Sie Ihren Gesprächspartnern verdeutlichen, dass Sie Ihre Neigungen und Interessen frühzeitig erkannt, konsequent verfolgt und im Studium ausgebaut haben, wobei Sie in der Lage waren, Hindernisse aus dem Weg zu räumen und auch gelegentliche Rückschläge zu verkraften.

Fragen zur Entwicklung in Schule und Studium

ÜBUNG

Bei Ihrer Beschäftigung mit den Fragen zu Ihrer bisherigen Entwicklung sollten Sie üben, Ihren Werdegang schlüssig darzustellen. Verzichten Sie auf die Aufzählung von Krisen, Problemen und Brüchen. Versuchen Sie, eine generelle Zufriedenheit mit Ihrem bisherigen Werdegang zu vermitteln. Da Sie jedoch nach Frustrationen und Enttäuschungen gefragt werden, sollten Sie sich Erlebnisse überlegen, die in Ihrem bisherigen Werdegang keine große Bedeutung hatten. Beispiel:

Frage: »Was hat Sie im Studium besonders enttäuscht?«

Antwort: »Ich bin mit meinem Studium zufrieden. Vielleicht wäre eine stärkere Theorie-Praxis-Verzahnung schöner gewesen. Durch Eigeninitiative konnte ich während des Studiums meine Kenntnisse in Praktika umsetzen. Deswegen empfand ich die fehlenden Praxisanteile im Studium als nicht so problematisch.«

Die nun folgenden Fragen sollten Sie in Ruhe bearbeiten und für sich selbst schlüssige Antworten finden. Auch zu diesem Fragenkomplex werden Sie später im Kapitel »100 Fragen und Antworten aus Vorstellungsgesprächen« geeignete Antworten finden.

»Aus welchen Gründen haben Sie sich für Ihr Studium entschieden?«
Ihre Antwort: ....
....

»Gibt es eine innere Logik hinter Ihrem bisherigen Werdegang?«
Ihre Antwort: ....
....

»Schildern Sie Ihre Abschlussarbeit/Dissertation in drei Sätzen!«
Ihre Antwort: ....
....

→ FORTSETZUNG AUF DER NÄCHSTEN SEITE

»Wie haben Sie sich auf Klausuren und Prüfungen im Studium vorbereitet?«
Ihre Antwort: ....
....

»Würden Sie wieder den gleichen Studiengang wählen?«
Ihre Antwort: ....
....

»An welche zwei Erfolge erinnern Sie sich besonders gern?«
Ihre Antwort: ....
....

»Was hat Sie im Studium am meisten frustriert?«
Ihre Antwort: ....
....

»Angenommen, Sie hätten die Möglichkeit, eine eigene Schule zu gründen. Welche Fächer müssten unbedingt unterrichtet werden?«
Ihre Antwort: ....
....

»Wie kamen Sie mit Ihren Dozenten/Lehrern aus?«
Ihre Antwort: ....
....

»Wie gingen Sie mit außergewöhnlichen Belastungen im Studium/in der Schule um?«
Ihre Antwort: ....
....

»Was hat Ihnen im Studium besonders gefallen?«
Ihre Antwort: ....
....

»Wenn Sie keinen Studienplatz in Ihrem heutigen Studium bekommen hätten, welchen Studiengang hätten Sie dann gewählt?«
Ihre Antwort: ....
....

»Welche Tätigkeiten mochten Sie in Ihrem Praktikum besonders?«
Ihre Antwort: ....
....

»Fühlten Sie sich von Ihren Dozenten gerecht beurteilt?«
Ihre Antwort: ....
....

»Was sind die Gründe für Ihre guten Beurteilungen in den Abschlusszeugnissen?«
Ihre Antwort: ....
....

»Warum haben Sie so schlechte Noten im Studienfach A?«
Ihre Antwort: ....
....

»Warum ist Ihre Note im Schulfach B so schwach?«
Ihre Antwort: ....
....

»Welche Weiterbildung möchten Sie noch machen?«
Ihre Antwort: ....
....

»Welche Kenntnisse und Fähigkeiten haben Sie sich außerhalb Ihres Studiums angeeignet?«
Ihre Antwort: ....
....

»Wenn Sie noch einmal von vorne anfangen könnten, was würden Sie dann im Studium anders machen?«
Ihre Antwort: ....
....

Sie sind im Bewerbungsgespräch nicht dazu verpflichtet, sich selbst anzuklagen. Stellen Sie lieber Ihre positiven Seiten in den Vordergrund. Zeigen Sie schlüssige Entwicklungslinien auf und suchen Sie nach akzeptablen Gründen für Brüche oder schwächere Leistungen. Geben Sie hierbei niemals anderen die Schuld. Dies würde immer negativ auf Sie zurückfallen.

Fragen zur Persönlichkeit

Sind Sie team- und belastungsfähig?

In diesem Fragenkomplex geht es darum festzustellen, wie Sie sich im zwischenmenschlichen Bereich verhalten. Die Ausprägung Ihrer persönlichen Fähigkeiten »Teamarbeit und Projektarbeit« und »Belastungs- und Kritikfähigkeit« steht hier im Zentrum des Interesses. An Ihrem ersten Arbeitsplatz werden Sie auf Menschen treffen, mit denen Sie gemeinsam berufliche Aufgabenstellungen lösen sollen. Ihre zukünftigen Kollegen und Vorgesetzten haben natürlich auch Ecken und Kanten, und man erwartet von Ihnen, dass Sie sich ins Team integrieren können. Darüber hinaus will man feststellen, wie Sie auf stärkere Belastungen reagieren.

Bleiben Sie gelassen

Wir haben es oft erlebt, dass Bewerber bei der Fragenkombination »Erinnern Sie sich an Ihren schlechtesten Professor? Was hat Sie am meisten an ihm gestört?« plötzlich einen feuerroten Kopf bekommen und wahre Hasstiraden auf ehemalige Dozenten loslassen. Dies sollten Sie im Vorstellungsgespräch nicht tun, denn damit rücken Sie nur sich, aber nicht Ihren Professor in ein schlechtes Licht. Ihr Verhältnis zu Dozenten und Mitstudenten oder zu Vorgesetzten und Kollegen in Praktika stellen Sie bitte nur positiv dar. Sie gelten sonst als illoyal und schwierig.

BEISPIEL

Schlechte Professoren?

Frage: »Beschreiben Sie Ihren schlechtesten Professor und was Sie an ihm gestört hat!«

Antwort: »Auch Professoren haben ihre Eigenarten und Vorlieben. Man lernt sehr schnell, damit umzugehen. Für mich war es wichtig, mir fundierte Kenntnisse in meinem Fach anzueignen. Mit der Wissensvermittlung meiner Professoren war ich zufrieden.«

Auf Fragen nach Konflikten im Studium oder im Praktikum sollten Sie nicht eingehen, sonst werden Personalverantwortliche versuchen, Ihren Anteil an der Problemsituation zu hinterfragen. Damit würden Sie Stressfragen provozieren, die Sie zu stark unter Druck setzen. Vermeiden Sie dies, indem Sie Ihr Studium und Ihre bisherigen beruflichen Erfahrungen als im Wesentlichen konfliktfrei darstellen.

BEISPIEL

Konflikte im Praktikum

Frage: »Wie sind Sie mit Konflikten in Ihrem Praktikum umgegangen?«

Antwort: »Ich bin mit meinem Betreuer und den anderen Kollegen sehr gut ausgekommen. Konflikte gab es nicht.«

Auf Fragen nach Ihren Stärken oder Schwächen sind Sie ja bereits vorbereitet. Die Fragen »Wie würde Ihr bester Freund Sie beschreiben?« oder »Welche Eigenschaften müsste Ihr Stellvertreter mitbringen?« zielen in die gleiche Richtung: Es geht um eine Charakterisierung Ihrer eigenen Person und um Ihre Selbstreflexion. Nennen Sie auf diese Fragen die fachlichen Kenntnisse und persönlichen Fähigkeiten, die Sie für die ausgeschriebene Position mitbringen.

Antworten auf Fragen nach der Bedeutung von Arbeit und Freizeit und zu Erfolg oder Misserfolg sollten Sie vor dem Vorstellungsgespräch für sich geklärt haben. Im Mittelpunkt Ihrer Antworten sollte dabei stets der Bezug zur Berufstätigkeit stehen.

BEISPIEL

Bedeutung von Arbeit

Frage: »Was bedeutet Arbeit für Sie?«

Antwort: »Arbeit bedeutet für mich, mir Ziele zu setzen und diese Ziele zu erreichen, so habe ich bisher ....(Selbstpräsentation)«

→ FORTSETZUNG AUF DER NÄCHSTEN SEITE

Erfolg

Frage: »Was bedeutet Erfolg für Sie?«

Antwort: »Aus meiner Sicht bin ich dann erfolgreich, wenn es mir gelingt, private und berufliche Ziele miteinander zu verbinden. Arbeit ist für mich auch immer eine Möglichkeit der Selbstbestätigung, und Erfolg strahlt positiv in mein Privatleben aus.«

Misserfolg

Frage: »Was bedeutet Misserfolg für Sie?«

Antwort: »Misserfolg ist für mich ein deutliches Zeichen, etwas zu verändern. Wenn ich ein angestrebtes Ziel nicht erreiche, überprüfe ich die Zielsetzung und analysiere mögliche Störfaktoren.«

Trainieren Sie nun anhand unserer Übung, die Fragen zur Persönlichkeit vorzubereiten und Antworten vorzuformulieren. Vor Fragen, mit denen Sie sich schon auseinandergesetzt haben und die Sie schon akzeptabel beantworten können, müssen Sie sich nicht mehr fürchten.

ÜBUNG

Fragen zur Persönlichkeit

In dieser Übung erwarten Sie einige Fragen, deren Sinn und Zweck nicht auf den ersten Blick deutlich wird. Manche dieser Fragen werden von Personalverantwortlichen eingesetzt, um Bewerber kurzfristig zu verunsichern. Bei den meisten Fragen geht es aber darum, wie Sie mit anderen Menschen zusammenarbeiten und welchen Arbeitsstil Sie bevorzugen.

Achten Sie bei Fragen nach inneren oder äußeren Konflikten darauf, dass Sie nicht in eine breite Schilderung von Krisen und Problemen verfallen. Stellen Sie Ihren Umgang mit anderen und sich selbst als reibungslos dar.

»Wie holen Sie sich aus Krisen heraus?«
Ihre Antwort: ....
....

»Was war in Ihrem Leben die bisher schwierigste Entscheidung?«
Ihre Antwort: ....
....

»Kennen Sie beruflich erfolgreiche Menschen?«
Ihre Antwort: ....
....

»Wie wirken Kritik und Anerkennung auf Sie?«
Ihre Antwort: ....
....

»Wie reagieren Sie bei ungerechtfertigter Kritik?«
Ihre Antwort: ....
....

»Wenn Sie noch einmal von vorn anfangen könnten, was würden Sie anders machen?«
Ihre Antwort: ....
....

»Was bedeutet Arbeit für Sie? Was Freizeit?«
Ihre Antwort: ....
....

»Was würden Sie tun, wenn Sie mehr Freizeit hätten?«
Ihre Antwort: ....
....

→ FORTSETZUNG AUF DER NÄCHSTEN SEITE

Mehr auf der CD in »Ihre Bewerbung«, Kapitel 13

»Was bedeutet Erfolg für Sie? Was Misserfolg?«

Ihre Antwort: ....

....

»Wie verhalten Sie sich in unangenehmen Situationen?«

Ihre Antwort: ....

....

»Arbeiten Sie lieber allein oder lieber im Team?«

Ihre Antwort: ....

....

»Welche Eigenschaft stört Sie an Menschen am meisten?«

Ihre Antwort: ....

....

»Wie, glauben Sie, schätzen andere Menschen Sie ein?«

Ihre Antwort: ....

....

»Wenn wir Ihren besten Freund fragen würden, wie würde er Sie beschreiben?«

Ihre Antwort: ....

....

»Welche Eigenschaften müsste Ihr idealer Vorgesetzter mitbringen?«

Ihre Antwort: ....

....

»Erinnern Sie sich an Ihren schlechtesten Dozenten. Was hat Sie am meisten an ihm gestört?«

Ihre Antwort: ....

....

»Nennen Sie mir bitte drei Stärken/Schwächen von Ihnen!«

Ihre Antwort: ....

....

»Was tun Sie lieber: Zuhören oder reden?«
Ihre Antwort: ....
....

»Was ist Ihre größte Stärke? Was Ihre größte Schwäche?«
Ihre Antwort: ....
....

»Welchen Führungsstil bevorzugen Sie?«
Ihre Antwort: ....
....

»Welche Erwartungen haben Sie an zukünftige Kollegen?«
Ihre Antwort: ....
....

»Was hat Sie an Ihren Mitstudenten am meisten gestört?«
Ihre Antwort: ....
....

»Was haben Sie älteren Kollegen voraus?«
Ihre Antwort: ....
....

»Warum kümmern sich Professoren so wenig um ihre Studenten?«
Ihre Antwort: ....
....

»Was tun Sie, wenn Ihr zukünftiger Vorgesetzter Ihre Vorschläge immer wieder ablehnt?«
Ihre Antwort: ....
....

Fragen zur privaten Lebensgestaltung

Bei Personalverantwortlichen herrscht die Meinung vor, dass Mitarbeiter, die über ein stabiles soziales Umfeld verfügen,

Ein stabiles soziales Umfeld ist gern gesehen

dauerhaft bessere Leistungen erbringen. Zu diesem sozialen Umfeld gehören Freund/Freundin beziehungsweise Lebenspartner/Lebenspartnerin, Bekanntenkreis, aber auch Sportvereine oder ehrenamtliches Engagement.

Versuchen Sie nicht, durch Freizeitaktivitäten Ihre persönlichen Fähigkeiten belegen zu wollen. Das ist ein typischer Fehler von Hochschulabsolventen. Ihre Gesprächspartner werden Ihnen nur unterstellen, dass Sie zu viel Energie in die Gestaltung Ihrer Freizeit stecken und diese Energie aus Ihrem Berufsleben abziehen. Dies ist gefährlich, da bei der Stellenvergabe auch Ihr Engagement für den Arbeitgeber geprüft wird. Deshalb werden Ihre persönlichen Fähigkeiten eher danach beurteilt, wie Sie berufliche Situationen bewältigen. Stellen Sie daher Ihre beruflichen Erfahrungen in den Vordergrund und belegen Sie Ihre persönlichen Fähigkeiten möglichst anhand von beruflichen Aufgaben.

Hobbys können Ihre Lernfähigkeit belegen

Das heißt jedoch nicht, dass Sie auf die Darstellung Ihrer Hobbys verzichten müssen. Zeigen Sie, dass Sie auch außerhalb Ihres Fachs wissbegierig, lernfähig und verantwortungsbewusst sind. Vermitteln Sie jedoch nicht den Eindruck, nur einseitig interessiert zu sein. Informatiker, die den ganzen Tag programmieren und auch abends und am Wochenende allein vor ihrem PC sitzen, gelten als kommunikationsunfähige Einzelkämpfer.

Lassen Sie auch nicht zu, dass die Begeisterung für Ihr Hobby mit Ihnen durchgeht. Bei Hobbys kommen leicht Emotionen ins Spiel, und Sie könnten zum Viel- und Dauerredner werden. Monologe zum Thema »Mein Pferd« oder »Mein Surfbrett« ermüden Personalverantwortliche schnell und zeigen nur, dass es nicht gerade die Arbeit ist, die Sie begeistert.

Auch überdurchschnittliches Engagement bei Freizeitaktivitäten, Risikosportarten, Leistungssportarten und regional begrenzten Sportarten sind im Vorstellungsgespräch in jedem Fall gefährlich. Hier wird sofort unterstellt, dass Sie durch häufige Wettkämpfe drohende Verletzungen oder durch Wochenendfahrten zu Ihrem Sportgebiet keine Zeit für Ihren Beruf haben und montags abgekämpft erscheinen.

Sport sollte der aktiven Entspannung dienen

Das Losungswort, das Sie weiterbringt, heißt »aktive Entspannung«. Sie überzeugen, wenn Sie auf Freizeitaktivitäten verweisen, die Sie für die täglichen Anforderungen in Ihrem zukünftigen Beruf fit halten. Zweimal in der Woche Joggen oder Tennis spielen, lange Spaziergänge, um richtig abzuschalten, oder Radtouren mit Freunden sind gute Möglichkeiten, um Ihre Fähigkeit zur aktiven Entspannung darzustellen.

Ehrenamtliches Engagement

Eine weitere Möglichkeit, Freizeitaktivitäten im Vorstellungsgespräch positiv zu erwähnen, haben diejenigen Absolventen, die sich ehrenamtlich engagieren. Achten Sie darauf, dass Ihr Engagement mit einer (Funktionärs-)Position verbunden ist. So zeigen Sie, dass Sie auch privat bereit sind, Verantwortung zu übernehmen und gestaltend zu wirken.

BEISPIEL

Engagement in der Hochschule

Frage: »Engagieren Sie sich auch außerhalb der Pflichtanforderungen in der Hochschule?«

Antwort: »Ich finde es wichtig, sich dort zu engagieren, wo man einen wesentlichen Teil seines Lebens verbringt. Ich habe in einer Hochschulgruppe als Koordinator für Auslandskontakte mitgearbeitet. Ziel meiner Arbeit war es, unseren Studenten Praktika im Ausland und ausländischen Studenten Praktika bei uns zu vermitteln.«

Bei Fragen zu Büchern, die Sie gelesen haben, oder zu Filmen, die Sie im Kino oder im Fernsehen gesehen haben, brauchen Sie nicht damit zu rechnen, dass man großartig in die Tiefe geht. Die Personalverantwortlichen sind nicht auf der Suche nach einem Literatur- oder Filmkritiker. Man will nur wissen, ob Sie auch freiwillig einmal ein Buch in die Hand nehmen (um es zu lesen) und ob Sie eher ein Einzelgänger oder ein Gruppenmensch sind.

Setzen Sie sich mit Fragen zu Ihrem Privatleben auseinander

Die Angaben über Ihren Familienstand im Lebenslauf sagen wenig über Ihr Privatleben aus. Weisen Sie Fragen nach Ihrer weiteren Familien- und Lebensplanung nicht mit der Bemerkung »Das geht keinen etwas an!« oder »Sie kennen wohl das AGG nicht? Solche Fragen sind schließlich verboten!« zurück. (Mehr zum Thema Allgemeines Gleichbehandlungsgesetz auf Seite 141.) Sie zeigen durch überlegte Antworten auf Fragen wie »Was denkt Ihr Lebenspartner über Ihren Beruf?«, dass Sie sich mit den zu erwartenden Veränderungen Ihres Privatlebens gründlich auseinandergesetzt haben. Dies ist besonders wichtig, wenn der Berufseinstieg mit einem Umzug verbunden ist.

Unsichere Antworten lassen die Befürchtung aufkommen, dass Ihr Lebenspartner nichts über einen beruflich bedingten Umzug weiß und Ihre Entscheidung letztlich noch beeinflussen kann. Damit verschlechtern Sie Ihre Position gegenüber anderen Mitbewerbern. Je überzeugender Sie darlegen, dass Ihr Lebenspartner Sie beim Erreichen beruflicher Ziele unterstützt, umso besser für Sie.

ÜBUNG

Fragen zur privaten Lebensgestaltung

Die Fragen zur privaten Lebensgestaltung dienen zum einen dazu, die Gesprächssituation zu entspannen. Sie werden aber auch eingesetzt, um Ihre Angaben in den anderen Fragenblöcken zu überprüfen.

Wenn Sie sich als Teamplayer darstellen, Ihre Freizeit jedoch ausschließlich allein beim Angeln verbringen, wird dies Personalverantwortliche stutzig machen. Achten Sie deshalb darauf, dass Ihre Angaben zu Ihrem Verhalten im Studium und in Praktika den Angaben gleichen, die Sie zum Umgang mit Freunden und Bekannten in Ihrer Freizeit machen.

Generell sollten Sie zu verstehen geben, dass Sie in einem stabilen sozialen Umfeld leben und sich auch in Ihrer Freizeit engagieren.

»Was denkt Ihr Freund/Ihre Freundin beziehungsweise Ihre Lebenspartnerin/Ihr Lebenspartner über Ihren Beruf?«
Ihre Antwort: ....
....

»Welchen Beruf übt Ihr Lebenspartner/Ihre Lebenspartnerin aus?«
Ihre Antwort: ....
....

»Welche Unterstützung bekommen Sie von Ihrem Lebenspartner/Ihrer Lebenspartnerin für Ihren Beruf?«
Ihre Antwort: ....
....

»Wie sieht Ihre private Lebensplanung aus?«
Ihre Antwort: ....
....

»Was machen Sie in Ihrer Freizeit?«
Ihre Antwort: ....
....

»Was haben Sie in der letzten Woche in Ihrer freien Zeit gemacht?«
Ihre Antwort: ....
....

»Welche Hobbys haben Sie?«
Ihre Antwort: ....
....

»Sind Sie in Ihrer Freizeit lieber allein oder ziehen Sie die Geselligkeit in der Gruppe vor?«
Ihre Antwort: ....
....

»Haben Sie sich während Ihres Studiums in Hochschulgruppen engagiert?«
Ihre Antwort: ....
....

»Sind Sie Mitglied in einem Verein?«
Ihre Antwort: ....
....

»Welche Zeitungen/Zeitschriften lesen Sie?«
Ihre Antwort: ....
....

→ FORTSETZUNG AUF DER NÄCHSTEN SEITE

Mehr auf der CD in »Ihre Bewerbung«, Kapitel 13

»Welches Buch haben Sie zuletzt gelesen?«
Ihre Antwort: ....
....

»Welchen Film haben Sie zuletzt gesehen?«
Ihre Antwort: ....
....

»Gehen Sie gern ins Kino/Theater/Museum/Konzert?«
Ihre Antwort: ....
....

»Reisen Sie im Urlaub gerne, oder verbringen Sie Ihre Zeit lieber zu Hause?«
Ihre Antwort: ....
....

»Wie entspannen Sie sich?«
Ihre Antwort: ....
....

»Treiben Sie Sport? Wenn ja, welchen, und wenn nein, warum nicht?«
Ihre Antwort: ....
....

»Haben Sie schon einmal über ehrenamtliches Engagement nachgedacht?«
Ihre Antwort: ....
....

»Liegt Ihnen außerhalb Ihres Berufes noch etwas am Herzen?«
Ihre Antwort: ....
....

»Angenommen, Sie hätten Kinder: Zu welchen Freizeitaktivitäten würden Sie sie anregen?«
Ihre Antwort: ....
....

Ihre emotionale Stabilität durch ein für Sie zufriedenstellendes Umfeld ist ein positiver Faktor für Personalverantwortliche. Freizeitaktivitäten dürfen die Ausübung Ihres Berufs nicht beeinträchtigen, sondern sollten durch aktive Erholung für die Anforderungen des Berufslebens fit halten.

AUF EINEN BLICK

Auf einen Blick
Mit diesen Fragen müssen Sie rechnen

→ Im Vorstellungsgespräch müssen Sie mit Fragen aus diesen Bereichen rechnen:
- Ihre Leistungsmotivation,
- das Unternehmen,
- Ihre Entwicklung in Schule und Studium,
- Ihre Persönlichkeit,
- Ihre private Lebensgestaltung.

→ Mit Fragen zu Ihrer Leistungsmotivation soll überprüft werden, wie ernsthaft Sie sich mit Ihrer beruflichen Zukunft auseinandergesetzt haben und warum Sie bei gerade diesem Unternehmen arbeiten möchten.

→ Mit den Fragen zum Unternehmen will man feststellen, ob und wie umfassend Sie sich über Ihren möglichen ersten Arbeitgeber informiert haben.

→ Fragen zu Ihrer Entwicklung in Schule und Studium werden Ihnen gestellt, um aus Ihrem Werdegang eine Prognose für Ihr zukünftiges Verhalten im Unternehmen abgeben zu können.

→ Die Fragen zu Ihrer Persönlichkeit sollen Rückschlüsse auf Ihren zukünftigen Umgang mit Vorgesetzten und Kollegen erlauben.

→ Ihre private Lebensgestaltung interessiert Personalverantwortliche, weil ein stabiles Privatleben als Voraussetzung für berufliche Leistungsfähigkeit angesehen wird.

9. Diese Fragen sollten Sie stellen

Von Hochschulabsolventinnen und Hochschulabsolventen wird erwartet, dass sie im Vorstellungsgespräch eigene Fragen stellen. Personalverantwortliche gehen davon aus, dass der Berufseinstieg nur dann reibungslos gelingen kann, wenn Absolventen sich durch gezieltes Nachfragen die für sie relevanten Informationen beschaffen können.

Informieren Sie sich intensiv über Ihren ersten Arbeitgeber

Ihre Entscheidung, Ihre berufliche Laufbahn mit einer ganz bestimmten Einstiegsposition zu beginnen, sollte gut vorbereitet sein und auf einer möglichst breiten Informationsbasis beruhen. Personalverantwortliche bezeichnen diese Informationssuche als »Realistische Tätigkeitsvorausschau«. Die Erfahrung zeigt, dass Berufseinsteiger, die sich ausführlich über ihren ersten Arbeitgeber und Arbeitsplatz informiert haben, in der Einstiegsposition mehr Frustrationstoleranz und Ausdauer zeigen als Absolventen, die schlecht informiert ins Berufsleben hineinstolpern.

Bitte fragen Sie

Aus unserer Beratungspraxis wissen wir, dass Ihre Fragen an die Unternehmensvertreter wichtig sind. Handeln Sie auf keinen Fall nach der Devise »Hauptsache, ich kriege erst einmal einen Einstieg«. Wenn Sie nach zwei Monaten merken, dass die Einstiegsposition gar nicht Ihren Vorlieben und Qualifikationen entspricht, haben Sie ein Problem. Eine Kündigung innerhalb der Probezeit können Sie zukünftigen Arbeitgebern nur schwer vermitteln.

Bereiten Sie Ihren Berufseinstieg daher durch gezielte Informationssuche vor. Aspekte, die Ihnen bei der Vorbereitung Ihrer Bewerbung nicht klar geworden sind, sollten Sie im Vorstellungsgespräch von sich aus ansprechen.

Ihre Fragen zur Einarbeitung und zu Ihrer Stellung in der

Der richtige Zeitpunkt für Ihre Fragen

Firmenhierarchie sind in diesem Zusammenhang unverzichtbar. Verärgern Sie jedoch Ihre Gesprächspartner nicht dadurch, dass Sie gleich zu Beginn des Gesprächs einen Fragenkatalog aus der Tasche ziehen und Frage für Frage abhaken. Wenn Sie erkennen, dass Sie sich in einer weniger strukturierten Phase des Vorstellungsgesprächs befinden, können Sie einzelne Fragen einfließen lassen. Ansonsten stellen Sie Ihre Fragen am besten am Ende des Gesprächs.

Damit Ihre Auffassungsgabe nicht in einem schlechten Licht erscheint, müssen Sie sich konzentrieren. Hüten Sie sich davor, Informationen, die Ihnen bereits im Gespräch gegeben wurden, am Schluss noch einmal einzufordern.

Stellen Sie konkrete Fragen zu Ihrer beruflichen Tätigkeit

Fragen nach Urlaubsregelungen, der Vergütung von Überstunden, der Gleitzeit, der privaten Nutzung des PKW oder sozialen Extraleistungen gehören nicht an den Anfang des Gesprächs. Provokationen sind ebenfalls fehl am Platz. Die Frage »Die Aktienkurse Ihres Unternehmens fallen in den letzten Monaten ja täglich. Wie sicher ist mein neuer Arbeitsplatz eigentlich?« zeigt zwar, dass Sie informiert sind, führt aber sicherlich nicht zu einer optimalen Gesprächsatmosphäre.

Stellen Sie Fragen, die für Sie bei der Ausübung Ihrer beruflichen Tätigkeit wirklich von Interesse sind. Erkundigen Sie sich zum Beispiel danach, wer in der Einarbeitungszeit Ihr Ansprechpartner ist, ob es spezielle Einarbeitungsprogramme gibt oder wie Sie sich einen möglichst umfassenden Überblick über die Entscheidungs- und Informationswege verschaffen können.

Bewerberfragen

ÜBUNG

Markieren Sie in der folgenden Liste die Fragen, die Sie für besonders wichtig halten. Fügen Sie noch eigene hinzu. Alle diese Fragen sollten Sie auf einem Papier notieren, das Sie zum Bewerbungsgespräch mitnehmen.

→ Wie ist die Einarbeitung geplant? Wer ist während der Einarbeitungsphase Ihr Ansprechpartner?

→ FORTSETZUNG AUF DER NÄCHSTEN SEITE

Mehr auf der CD in »Ihre Bewerbung«, Kapitel 14

- Welche Besonderheiten gelten für die Probezeit (Gehalt, Dauer, Einarbeitung, Job-Rotation)?
- In welchen zeitlichen Anteilen stehen die wesentlichen Aufgaben Ihrer Position zueinander (beispielsweise zeitliche Anteile von Beratung, Verkauf und Service oder Innen- und Außendienst)?
- Wer ist Ihr direkter Vorgesetzter? Gibt es die Möglichkeit, ihn vorher kennen zu lernen? Welchen beruflichen Hintergrund (Studium, Ausbildung, Qualifikation) hat er?
- Wurde die ausgeschriebene Position neu geschaffen?
- Wenn nicht: Wie lange hat Ihr Vorgänger auf dieser Position gearbeitet und wo ist er jetzt? (Bei kurzer Dauer: Wie lange der Vorgänger des Vorgängers?)
- Wie ist die Position in die betriebliche Organisation und Hierarchie eingegliedert?
- Gibt es einen Organisationsplan des Unternehmens?
- Welchen Anteil haben Dienstreisen an Ihrer Tätigkeit?
- Welche Weiterbildungsmöglichkeiten gibt es?
- Wie und in welchen Zeitabständen werden Mitarbeiterbeurteilungen durchgeführt?
- Welche Entwicklungsmöglichkeiten gibt es in dem Unternehmen?
- Wie hoch ist das Gehalt? Gibt es außertarifliche Leistungen?
- Gibt es leistungsbezogene Zulagen/Prämien?
- Zahlt das Unternehmen Ihnen eine zusätzliche betriebliche Altersvorsorge?
- Wird ein Firmenwagen gestellt? Wie wird die private Nutzung abgerechnet?
- Wie ist die Arbeitszeit geregelt? (Kernzeit/Gleitzeit?)
- Wie viele Tage umfasst der Jahresurlaub?

Berücksichtigen Sie dazu auch die im Kapitel »Kennen Sie Gesprächstechniken?« dargestellten Tipps und formulieren Sie offene Fragen (W-Fragen). Damit können Sie auch Ihre Kommunikationsfähigkeit zeigen und den Gesprächsfluss erhalten.

AUF EINEN BLICK

Auf einen Blick
Diese Fragen sollten Sie stellen

→ Es wird von Ihnen erwartet, dass Sie im Vorstellungsgespräch eigene Fragen stellen.

→ Mit den richtigen Fragen dokumentieren Sie Ihr Interesse am neuen Arbeitsplatz.

→ Ihre Fragen sind wichtig, damit das Vorstellungsgespräch nicht zum Schlagabtausch, sondern zum Dialog wird.

→ Überlegen Sie sich vor Ihrem Vorstellungsgespräch einige Fragen. Schreiben Sie diese Fragen auf und stellen Sie sie an passender Stelle.

→ Fragen nach der Anzahl der Urlaubstage, der Gleitzeit, dem Essenszuschuss, der Abgeltung von Überstunden, der privaten Nutzung des Firmenwagens und sozialen Extraleistungen können die Gesprächsatmosphäre trüben. Deshalb gehören diese Fragen erst ans Ende des Gesprächs.

→ Sie punkten im Vorstellungsgespräch, wenn Sie mit Fragen beginnen, die einen unmittelbaren Bezug zur Einstiegsposition haben. Fragen Sie gezielt zu den einzelnen Tätigkeiten in der neuen Position, zur Einarbeitung, zur Ausstattung des Arbeitsplatzes, zu Kollegen und zu Vorgesetzten.

10. Zulässige Reaktionen auf unzulässige Fragen

Im Vorstellungsgespräch werden Sie oftmals mit eigentlich unzulässigen Fragen konfrontiert. Die Antwort einfach zu verweigern bringt Sie aber nicht weiter. In diesem Kapitel erfahren Sie, warum es sinnvoll ist, auch auf unzulässige Fragen gelassen zu antworten.

Bestimmte Fragen müssen Sie nicht wahrheitsgemäß beantworten

Es werden Ihnen im Bewerbungsgespräch auch Fragen gestellt, die Sie eigentlich nicht beantworten müssen oder bei deren Beantwortung Sie lügen dürfen – juristisch gesehen jedenfalls. Wir haben schon Absolventen getroffen, die die unzulässigen Fragen auswendig gelernt haben, um dann das ganze Vorstellungsgespräch darauf zu warten, dass ihnen eine derartige Frage gestellt wird. In tiefster moralischer Inbrunst lehnen diese Kandidaten dann die Beantwortung weiterer Fragen ab. Manche Bewerber drohen dann zuweilen damit, den Personalrat beziehungsweise die Gewerkschaft einzuschalten. Das Ergebnis dieses »politisch-korrekten« Verhaltens hat jedoch zur Folge, dass der Kandidat eine Absage erhält.

Wie reagieren Sie?

Ein wichtiger Aspekt derartiger Fragen, der von den meisten Hochschulabsolventinnen und -absolventen übersehen wird, ist der, dass man die Reaktion der Bewerber testen will, insbesondere die Stressresistenz. Zugegebenermaßen ist die Grenze zwischen einem wirklichen Interesse an der Beantwortung einer eigentlich unzulässigen Frage und dem Einsatz dieser Frage als Stressfrage sehr schmal.

BEISPIEL

Familienplanung

Sollte eine Berufseinsteigerin mit der Frage nach zukünftigen Kinderwünschen konfrontiert werden, so sollte sie sinnvollerweise eine Antwortstrategie verfolgen, die deutlich macht, dass die Bewerberin selbst über diesen Punkt genauso intensiv nachgedacht hat wie über persönliche und fachliche Aspekte, die direkt mit der Ausübung des Berufes zusammenhängen.

Die Frage »Wie stellen Sie sich Ihre weitere private Lebensplanung vor? Wann möchten Sie Kinder bekommen?« ist mit einer aufbrausend trotzigen Antwort wie »Das geht Sie gar nichts an!« schlecht beantwortet. Eine geeignetere Antwort wäre:

»Ich habe meine weitere Lebensplanung mit meinem Freund/ Ehemann durchgesprochen. Kinder spielen in unseren Überlegungen keine Rolle. Für mich stehen die beruflichen Ziele im Vordergrund. Aufbauend auf mein Studium möchte ich jetzt bei Ihnen den Berufseinstieg schaffen und mich weiter qualifizieren.«

Damit zu diesem Punkt keine Missverständnisse entstehen: Selbstverständlich ist es Ihre Privatsache, ob Sie sich zu irgendeinem Zeitpunkt in Ihrem Leben Kinder wünschen oder nicht. Aber solange dieser Wunsch nicht aktuell ist, sollten Sie bei einer Frage in diese Richtung in Ihrer Antwort»den Ball flach halten«. Darüber hinaus stellen wir fest, dass immer weniger Firmen überhaupt Fragen zur Familienplanung stellen, dies hängt sicherlich auch damit zusammen, dass das Allgemeine Gleichbehandlungsgesetz (AGG) derartige Fragen eigentlich ja auch nicht erlaubt.

Ein gelassenes und souveränes Antwortverhalten wird nicht nur bei Fragen nach der zukünftigen Lebensplanung, sondern auch bei Fragen zu politischen Überzeugungen erwartet.

BEISPIEL

Parteizugehörigkeit

Die Frage »Wenn nächsten Sonntag Bundestagswahlen anstünden, welche Partei würden Sie wählen?« ist mit der knappen, angriffslustig geäußerten Bemerkung »Ich wüsste nicht, warum ich Ihnen auf diese Frage antworten sollte!« ebenfalls nicht optimal beantwortet. Eleganter ist die folgende Antwort:

»Ich würde sicherlich eine Partei wählen, die mit ihrer Politik sowohl die Interessen der Wirtschaft als auch der Arbeitnehmer berücksichtigt.«

Wie reagieren Sie in Konfliktsituationen?

Bei unangenehmen Stressfragen sollten Sie grundsätzlich bedenken: Gerade, wenn es um Arbeitsfelder in Beratung und Verkauf geht, wollen zukünftige Arbeitgeber im Schnellverfahren feststellen, wie souverän Sie mit schwierigen Gesprächspartnern oder Kunden umgehen. Für diese Situationen spielt es eine große Rolle, ob Sie in der Lage sind, angespannte Gesprächssituationen auszuhalten oder besser noch zu entschärfen.

Auch im Umgang mit Kollegen und Mitarbeitern werden Sie auf unterschiedliche Ansichten und Ansprüche treffen. Personalverantwortliche wissen, dass in den einzelnen Fachabteilungen nicht ständig Harmonie herrscht. Wenn Sie als Bewerber den Eindruck erwecken, dass Sie bei Konflikten nicht mehr aus der Schmollecke herauskommen, machen Sie es sich unnötig schwer. Man wird Ihnen unterstellen, dass Sie nicht fähig sind, Konflikte offen auszutragen, sondern den zwischenmenschlichen »Blockade-Stil« bevorzugen.

Wichtig für Sie ist es, bei kritischen und emotional besetzten Fragen gelassen zu reagieren und überlegt zu antworten. Personalabteilungen sind keine Geheimdienste. Ihr Ideal ist auch nicht der »gläserne Bewerber«. Unzulässige Fragen werden jedoch immer wieder in Vorstellungsgesprächen auftauchen, und Sie müssen in der Lage sein, diese souverän zu beantworten. Ihr Vorteil bei der Suche nach einer geeigneten Antwort liegt darin, dass Sie auf unzulässige Fragen nicht wahrheitsgemäß antworten müssen.

Die häufigsten unzulässigen Fragen

Wir stellen Ihnen jetzt die Fragen vor, deren Beantwortung Sie fantasievoll gestalten können. Gleichzeitig nennen wir Ihnen die Ausnahmen, bei denen Sie wahrheitsgemäß antworten sollten, da Sie sonst mit arbeitsrechtlichen Nachteilen rechnen müssen.

Gesundheitliche Belastungen?

Fragen nach Schwangerschaft und konkreter Familienplanung sind im Vorstellungsgespräch grundsätzlich unzulässig. Ausnahmen: Wegen der Möglichkeit einer Fruchtschädigung darf eine Schwangere bestimmte Tätigkeiten nicht ausüben, beispielsweise eine Tätigkeit in einer Röntgenabteilung, die mit erhöhter Strahlenbelastung verbunden ist, oder eine Tätigkeit im Labor, die den Umgang mit gefährlichen Chemikalien beinhaltet.

Fragen nach Konfession, Partei- und Gewerkschaftszugehörigkeit sind unzulässig. Ausnahmen gelten für sogenannte Tendenzbetriebe, das heißt eine Kirche, eine Partei oder eine Gewerkschaft stellt selbst ein. Sucht beispielsweise ein katholisches Freizeitheim einen Sozialpädagogen, ist die Frage nach der Religionszugehörigkeit im Vorstellungsgespräch erlaubt.

Diese Frage ist noch offen

Die Zulässigkeit der Frage nach Aids ist noch nicht endgültig geklärt. Eine HIV-Infektion muss meistens nicht genannt werden, eine Aids-Erkrankung muss angegeben werden. Eine HIV-Infektion muss dann genannt werden, wenn die Tätigkeit andere Menschen gefährden kann.

Fragen nach Lohnpfändungen und Vermögensverhältnissen sind unzulässig. Als Ausnahme gilt, wenn der Bewerber eine Position mit umfangreichem Geldverkehr anstrebt, wie zum Beispiel Croupier oder Kassierer in einer Bank.

Fragen nach Vorstrafen sind unzulässig. Ausnahmen: Die Vorstrafe ist für den Arbeitsplatz von direkter Bedeutung, beispielsweise Verkehrsdelikte bei Außendienstmitarbeitern oder Unterschlagung bei Buchhaltern.

Achtung: Die Frage nach Schwerbehinderungen ist erlaubt. Kommt zu einem späteren Zeitpunkt heraus, dass der Bewerber zum Zeitpunkt der Einstellung schwerbehindert war, ist der Arbeitsvertrag von Anfang an nichtig.

AUF EINEN BLICK

Auf einen Blick
Zulässige Reaktionen auf unzulässige Fragen

- → Es gibt im Vorstellungsgespräch unzulässige Fragen, bei deren Beantwortung Sie nicht die Wahrheit sagen müssen.
- → Bewerber verkennen oft, dass unzulässige Fragen auch gestellt werden, um das Stressverhalten zu überprüfen.
- → Sie beantworten unzulässige Fragen dann glaubwürdig, wenn Sie sich vor dem Bewerbungsgespräch mit Antwortalternativen auseinandergesetzt haben.
- → Fragen nach dem Vorliegen einer Schwangerschaft sind unzulässig. Ausnahme: mögliche Fruchtschädigung des Fötus durch die Tätigkeit.
- → Fragen nach der künftigen Familienplanung sind unzulässig.
- → Fragen nach Konfession, Partei- oder Gewerkschaftszugehörigkeit sind unzulässig. Ausnahme: Tendenzbetriebe.
- → Fragen nach einer Aids-Erkrankung müssen wahrheitsgemäß beantwortet werden.
- → Fragen nach Lohnpfändungen sind unzulässig. Ausnahme: Die Vorstrafe steht in Beziehung zur ausgeschriebenen Stelle.
- → Fragen nach Schwerbehinderungen sind erlaubt und müssen wahrheitsgemäß beantwortet werden.

11. Welches Einstiegsgehalt ist realistisch?

Bei der Suche nach einer interessanten Einstiegsposition steht für viele Absolventen auch der Wunsch nach einem adäquaten Gehalt mit im Raum. In diesem Kapitel erläutern wir Ihnen, wie Sie Ihre Gehaltsvorstellungen im Vorstellungsgespräch mit der Unternehmensseite abgleichen können.

Die Gehaltsfrage bereitet vielen Hochschulabsolventinnen und -absolventen Schwierigkeiten: Einerseits sorgen sie sich, dass sie zu wenig Gehalt beim Berufseinstieg verlangen könnten, und andererseits befürchten sie, dass sie sich durch zu hohe Gehaltsforderungen frühzeitig selbst aus dem Rennen werfen.

Ihr Interesse an den zukünftigen Aufgaben muss im Vordergrund stehen

Das Gehalt ist aber nur der formale Rahmen der zukünftigen Tätigkeit. Aus Unternehmenssicht sollte es den Absolventen vorrangig um die zukünftigen beruflichen Aufgaben in der Einstiegsposition gehen. Absolventen müssen daher in erster Linie ihre berufliche Kompetenz inhaltlich plausibel machen. Es muss im Vorstellungsgespräch deutlich werden, dass es Ihnen vorrangig darum geht, berufliche Aufgaben in den Griff zu bekommen. Sie müssen vermitteln, dass Sie Ihr erworbenes Wissen jetzt endlich in die Praxis umsetzen wollen. Diese Primärmotivation, der Spaß am Fach und an der Arbeit, muss im Mittelpunkt stehen.

Gehaltshöhe ermitteln

Unternehmensintern festgelegtes Gehalt

Es gibt Einstiegspositionen, bei denen Ihr eigener Gehaltswunsch nur eine untergeordnete Rolle spielt, da das Einstiegsgehalt unternehmensintern festgelegt wurde. Dies gilt beispielsweise für Trainee-Programme. Unternehmen können es sich nicht leisten, Absolventen, die gemeinsam ein Trainee-Programm durchlaufen, unterschiedlich zu bezahlen. Sonst käme es sehr schnell zu Gehaltsdiskussionen unter den Trainees und zwischen den Trainees und der Personalabteilung.

Beim Direkteinstieg sieht es anders aus. Dort können spezielle Kenntnisse oder sofort einsetzbare Fähigkeiten deutliche Gehaltsunterschiede rechtfertigen. Um allerdings als Absolvent überhaupt in Gehaltsverhandlungen einsteigen zu können, muss im Vorstellungsgespräch bereits deutlich geworden sein, dass Sie die oder der Richtige für die Einstiegsposition sind und über sofort einsetzbare Kenntnisse und Fähigkeiten verfügen.

Informieren Sie sich über die üblicherweise gezahlten Gehälter

Bringen Sie in Ihre Verhandlungen einen realistischen Gehaltswunsch ein. Ermitteln Sie, welche Gehälter üblicherweise für Berufseinsteiger in der von Ihnen angestrebten Position gezahlt werden. Argumentieren Sie immer mit Brutto-Jahresgehältern. Wenn Sie Monatsgehälter als Verhandlungsbasis nennen, haben Sie noch nicht die Anzahl der Monatsgehälter (12 oder 13) geklärt. Ebenso wenig haben Sie in Ihre Gehaltsvorstellungen Sonderleistungen und Vergünstigungen einbezogen.

Wenn Sie zu erkennen geben, dass Sie sich über den Gehaltsrahmen der Einstiegsposition in der jeweiligen Branche informiert haben, zeigen Sie damit auch Ihre Vertrautheit mit der Branche. Nutzen Sie die Veröffentlichungen auf den Berufsseiten der Tageszeitungen, in Wirtschaftsjournalen

Einstiegsgehälter von Hochschulabsolventen nach Branchen

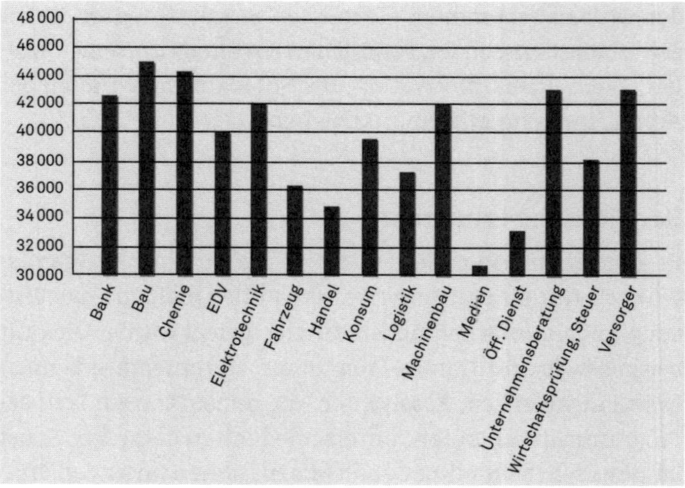

Quelle: Gehaltsstatistik Absolventen 2011, www.gehalt.de

oder geben Sie in Suchmaschinen im Internet Stichworte wie »Einstiegsgehalt Absolventen« oder »Absolventengehalt« ein. Oder orientieren Sie sich an der Grafik oben.

Geistes- und Sozialwissenschaftler

Je nach Studienrichtung und Lage auf dem Arbeitsmarkt sind Schwankungen möglich. Fachhochschulabsolventen müssen gegenüber Universitätsabsolventen Abstriche beim ersten Gehalt in Kauf nehmen. Promovierte Absolventen können mit einem höheren Einstiegsgehalt rechnen, vorausgesetzt, die Promotion wird vom Arbeitgeber gewünscht, wie dies beispielsweise bei Unternehmensberatungen der Fall ist. Absolventen geistes- und sozialwissenschaftlicher Studiengänge sollten sich beim Berufseinstieg eher am unteren Rand der gezahlten Einstiegsgehälter orientieren. Zur Einstiegsposition passende Qualifikationen und Praxiserfahrung erhöhen allerdings auch hier den Marktwert.

Kein Bezug auf den Bundesangestelltentarif!

Antworten Sie bei Fragen nach Ihren Gehaltsvorstellungen niemals mit Bezug auf den Bundesangestelltentarif/BAT des öffentlichen Dienstes. Berufseinsteiger, die auf den BAT verweisen, trüben die Gesprächsatmosphäre in der freien Wirtschaft erheblich. Einige Personalverantwortliche vermuten dann, dass Sie nicht bereit sind, für Ihren Aufstieg zu arbeiten, sondern ihn sich durch langjährige Betriebszugehörigkeit »ersitzen« wollen. Andere Personalverantwortliche stört an dem BAT-Gehaltswunsch, dass Sie noch sehr stark in der Hochschulwelt und den dort üblichen Vergütungsstrukturen verwurzelt sind, und vermuten, dass Ihnen eine Abnabelung schwerfällt.

Gehaltsforderungen taktisch durchsetzen

Gehaltsdiskussionen gehören an das Ende eines Vorstellungsgesprächs und nicht an den Anfang. Jeder weiß zwar, dass Sie arbeiten, um Geld zu verdienen. Trotzdem ist es eine ungeschriebene Regel des Bewerbungsverfahrens, dass Sie in erster Linie wegen der interessanten Position und der zukünftigen Aufgabenstellungen arbeiten und dass das Gehalt lediglich eine zwangsläufige Konsequenz Ihrer ausgeübten Tätigkeit ist.

Finden Sie Kompromisslösungen

Unseren Erfahrungen nach scheitert ein interessanter Absolvent im Bewerbungsgespräch nur selten an seinem Gehaltswunsch. Im Gespräch lässt sich fast immer eine Kompromisslösung finden, die für beide Seiten akzeptabel ist. Dies können vertraglich vereinbarte Erhöhungen des Gehalts nach der Probezeit sein oder vertraglich vereinbarte Zusatzleistungen, wie die kostenlose private Nutzung von Dienstwagen oder die Übernahme der Kosten von Sprach- oder Computerkursen.

Unbedingt: schriftlich fixieren lassen

Wichtig dabei ist für Sie: Nur was schriftlich festgehalten wird, hat auch Bestand. Lassen Sie sich auf keinen Fall mit »Wenn Sie sich in unserer Firma bewähren, werden wir nach der Probezeit neu verhandeln« abspeisen.

Argumentieren Sie bei Gehaltsverhandlungen – wie im gesamten Bewerbungsverfahren – aus der Sicht des Unternehmens. Verweisen Sie auf spezielle Anforderungen der ausgeschriebenen Position, die gerade Sie mit Ihren Kenntnissen und Fähigkeiten erfüllen. Erste praktische Erfahrungen, sofort einsetzbares Wissen und Spezialkenntnisse können Ihr Starteinkommen erhöhen.

BEISPIEL

Taktisch verhandeln

Wenn man Ihnen am Ende des Vorstellungsgesprächs mitteilt: »Ihr Profil ist sehr interessant, aber die von Ihnen geforderten Euro 35 000,– Jahresgehalt können wir Ihnen beim besten Willen nicht zahlen«, sollten Sie dies als Aufforderung sehen, Ihren Nutzen für das Unternehmen noch einmal darzustellen. Sie haben von Ihrem Gegenüber soeben ein Kaufsignal erhalten. Es geht jetzt für Sie darum, die Unsicherheit Ihres Gegenübers abzubauen. Zum Beispiel mit folgender Aussage:

»Durch mein Auslandspraktikum in der Marketingabteilung der US-amerikanischen Kommunikationsgesellschaft ABC verfüge ich über fließende Englischkenntnisse und sofort einsetzbare Kenntnisse im Direktmarketing. Zusätzlich habe ich mir parallel zum Studium die Microsoft-Office-Programme Word, Access und Excel erarbeitet; auch dieses Wissen kann ich an meinem zukünftigen Arbeitsplatz direkt verwerten. Ich glaube, dass meine Sprach- und PC-Kenntnisse und meine Erfahrungen im Direktmarketing ein Jahresgehalt von Euro 35 000,– rechtfertigen.«

Ein wesentlicher Teil des Gehaltsabgleichs am Ende des Bewerbungsgesprächs ist Ihre Einordnung in das bestehende Gehaltsgefüge des Unternehmens. Üblicherweise gibt es in großen Unternehmen weniger Spielraum für individuell ausgehandelte Einstiegsgehälter von Absolventen als in mittleren und kleinen. Ihre Gesprächspartner auf Unternehmensseite brauchen Argumente, um Ihre Gehaltswünsche gegenüber anderen Entscheidungsträgern rechtfertigen zu können. Ihr Einstiegsgehalt muss zu den Gehältern Ihrer zukünftigen Kollegen in einer vertretbaren Relation stehen.

Deshalb heißt dies für Sie: Je klarer Sie im Gespräch herausarbeiten, was Sie von anderen Mitbewerbern positiv abhebt, desto stärker ist Ihre Verhandlungsposition in Sachen Gehalt.

Auf einen Blick
Welches Einstiegsgehalt ist realistisch?

AUF EINEN BLICK

→ Führen Sie Gehaltsdiskussionen am Ende des Vorstellungsgesprächs.

→ Gehaltsdiskussionen können Sie nur dann erfolgreich führen, wenn Sie bereits deutlich gemacht haben, dass Sie ein geeigneter Kandidat für die Einstiegsposition sind.

→ Stellen Sie realistische Gehaltsforderungen. Orientieren Sie sich an aktuellen Veröffentlichungen (Internet, Zeitschriften, Tageszeitungen).

→ Argumentieren Sie im Vorstellungsgespräch immer mit Brutto-Jahresgehältern. Beziehen Sie Weihnachtsgeld, Urlaubsgeld, Prämien und sonstige Sonderleistungen mit in Ihr gewünschtes Brutto-Jahresgehalt ein.

→ Argumentieren Sie bei Ihren Gehaltsforderungen aus Sicht des Unternehmens: Berufspraxis, sofort einsetzbares Wissen und Spezialkenntnisse rechtfertigen ein höheres Einstiegsgehalt.

→ FORTSETZUNG AUF DER NÄCHSTEN SEITE

→ In Aussicht gestellte Gehaltserhöhungen nach dem Ablauf der Probezeit sollten Sie sich schriftlich fixieren lassen.

→ Überlegen Sie sich Argumente für Ihre Gehaltswünsche, die der Personalverantwortliche unternehmensintern weitervermitteln kann.

12. 100 Fragen und Antworten aus Vorstellungsgesprächen

Vielen Hochschulabsolventinnen und -absolventen fällt das Formulieren von Antworten in Vorstellungsgesprächen schwer. Unsere Beispielantworten zeigen Ihnen, an welchen Formulierungen Sie sich mit Ihren Antworten orientieren können. Übersetzen Sie unsere Anregungen in Ihren eigenen Sprachstil. Entwickeln Sie ein gleichermaßen aussagekräftiges und individuelles Antwortverhalten.

Entwickeln Sie Ihren eigenen Antwortstil

Damit Ihnen die Vorbereitung auf Vorstellungsgespräche leichter fällt, haben wir für Sie 100 Beispielfragen und Beispielantworten zusammengestellt. Die aufgeführten Fragen haben wir aus unserer Beratungserfahrung gemeinsam mit Bewerbern und Personalverantwortlichen zusammengetragen. Zu jeder dieser häufig gestellten Fragen führen wir eine negative und eine positive Antwort auf. An der positiven Antwort können Sie sich für Ihre eigenen Formulierungen orientieren. Mit »negativ« meinen wir hier, dass eine Antwort nicht überzeugt, weil keine Einstellungsargumente geliefert werden. Dementsprechend meinen wir mit »positiv«, dass die Bewerberin beziehungsweise der Bewerber mit deutlich mehr Aussage- und Argumentationskraft antwortet.

Anhand der negativen Antworten können Sie sehen, wie schnell es passieren kann, in ein falsches Antwortverhalten abzurutschen. Oberflächliche Formulierungen, zu knappe Antworten, verbale Gegenangriffe und völliges Unverständnis für die gestellte Frage sind leider die Regel bei Vorstellungsgesprächen. Machen Sie es besser: Setzen Sie Ihre bisher geleistete Vorarbeit in souveräne Antworten einschließlich passender, stärkenorientierter und glaubwürdiger Einstellungsargumente um.

ÜBUNG

Überzeugend antworten

Setzen Sie sich mit einem Freund oder Bekannten an einen Tisch. Lassen Sie sich die 100 Beispielfragen stellen. Wenn Sie mit Ihrer Antwort in der Nähe der geeigneten Beispielantworten liegen, können Sie sich gratulieren.

Fragen, die Sie nicht ohne weiteres beantworten können oder bei denen Sie mit Ihrer Antwort danebenliegen, lassen Sie von Ihrem Gesprächspartner ankreuzen. Diese Fragen sollten Sie sich in einer zweiten Runde noch einmal stellen lassen, nachdem Sie sich vorher mit unseren geeigneten Beispielantworten auseinandergesetzt haben. Die zweite Runde wird Ihnen besser gelingen, wenn Sie gezielt Elemente aus Ihrer Selbstpräsentation einsetzen und noch einmal unsere Erläuterungen zu den Fragen im Kapitel »Mit diesen Fragen müssen Sie rechnen« durcharbeiten.

Unsere Fragen und Antworten sind gegliedert nach Fragenkomplexen zur Leistungsmotivation des Bewerbers, zum Unternehmen, zur Entwicklung in Schule und Studium, zur Persönlichkeit, zur privaten Lebensgestaltung und zu Stressfragen.

Fragen zur Leistungsmotivation des Bewerbers

1. *Was machen Sie an Ihrem ersten Arbeitstag bei uns?*
   Negative Antwort: »Ich weiß nicht, was bei Ihnen so üblich ist. Ich hoffe, dass ich meinen Arbeitsplatz und die Kantine gezeigt bekomme.«
   Positive Antwort: »Ich stelle mich meinen Kollegen und Vorgesetzten vor und mache mich dann mit den Arbeitsabläufen und den Informationswegen vertraut.«

2. *Was wollen Sie in fünf Jahren erreicht haben?*
   Negative Antwort: »Ich möchte Karriere machen und mehr Geld verdienen.«
   Positive Antwort: »Die beruflichen Erfahrungen, die ich in den nächsten Jahren erwerben werde, möchte ich dazu

nutzen, mehr Verantwortung und komplexere Aufgaben zu übernehmen. Das kann eine Führungsposition sein, aber auch die Übernahme von Projektverantwortung.«

3. *Was muss unser Unternehmen tun, um Sie angemessen bei Ihrer Arbeit zu unterstützen?*
Negative Antwort: »Mich in Ruhe meine Arbeit machen lassen.«
Positive Antwort: »Mir Zugriff auf die für mich relevanten Informationen geben und eine gute Einbindung in die Unternehmensabläufe schaffen.«

4. *Warum haben Sie sich gerade bei uns beworben?*
Negative Antwort: »Ich bin zufällig auf Ihre Anzeige gestoßen.«
Positive Antwort: »Weil ich bereits erste berufliche Erfahrungen im Bereich Marketing/Konstruktion/Logistik/Vertrieb etc. gesammelt habe. Meine berufliche Entwicklung möchte ich gerne bei Ihnen als Marktführer/innovativem Unternehmen/international ausgerichtetem Unternehmen/mittelständischem Anbieter fortsetzen.«

5. *Können wir Sie auch auf anderen Positionen einsetzen?*
Negative Antwort: »Wenn es irgendetwas für mich zu tun gibt.«
Positive Antwort: »Wenn auch auf anderen Positionen mein Qualifikationsprofil gefragt ist, sicherlich ja. Ich möchte natürlich gerne meine im Studium und in den Praktika erworbenen Kenntnisse gezielt für das Unternehmen einsetzen können, und ich glaube, dass das nicht auf allen Positionen gleich gut gelingen kann.«

6. *Wo haben Sie sich sonst noch beworben?*
Negative Antwort: »Ich habe mich natürlich nur bei Ihnen beworben.«/»Ich habe ziemlich viele Bewerbungen losgeschickt.«
Positive Antwort: »Ich habe mich auch bei einigen anderen Unternehmen beworben, für die meine Qualifikation interessant ist. Die Bewerbungen habe ich mehrheitlich an Unternehmen in Ihrer Branche verschickt, weil ich dort meinen zukünftigen Tätigkeitsschwerpunkt sehe.«

7. *Welche Aufgaben könnten Sie sofort für uns bearbeiten?*
Negative Antwort: »Ich bin mir nicht so ganz sicher, was ich eigentlich tun soll.«
Positive Antwort: »Ich habe bisher zwei Schwerpunkte verfolgt. Zum einen ist dies das theoretische Fundament, zum anderen habe ich erste Berufserfahrung in dem von mir angestrebten Berufsfeld gesammelt. In den Bereichen, die ich aus meinen Praktika/aus meiner Zeit als Werksstudent/aus meiner Abschlussarbeit kenne, bin ich sicherlich sofort einsetzbar. Dies umfasst das Erstellen von Dokumentationen/die Umsetzung von Direktmarketing-Kampagnen/die Mitarbeit am Jahresabschluss/die Betreuung des Netzwerkes etc. Mein Studium hat mich natürlich auch darauf vorbereitet, Aufgaben, die für mich noch neu sind, zu bewältigen.«

8. *Wie lange werden Sie in unserer Firma bleiben?*
Negative Antwort: »Das weiß ich nicht.«
Positive Antwort: »Solange das Unternehmen etwas für mich zu tun hat. Ich möchte mich natürlich schon beruflich weiterentwickeln und glaube, dass mir in Ihrem Unternehmen die Möglichkeit dazu gegeben wird.«

9. *Nennen Sie mir Ihre zwei schönsten Erfolge!*
Negative Antwort: »Den Studienabschluss und den Gewinn des Timmendorfer Beach-Volleyballturniers.«
Positive Antwort (wählen Sie zwei berufsnahe Beispiele aus): »Ich fand es sehr schön, dass durch die von mir erarbeiteten Optimierungsvorschläge die Umrüstzeiten bei Produktionsumstellungen reduziert werden konnten. Außerdem war der von mir mitkonzipierte Messestand ein großer Erfolg und hat sowohl beim Publikum als auch in den Medien großen Anklang gefunden.«

10. *Wie lange brauchen Sie, bis Sie sich eingearbeitet haben?*
Negative Antwort: »Es gibt ja eine Probezeit.«
Positive Antwort: »Einige Aufgaben kann ich für Sie bestimmt sofort übernehmen. In Ihre Produktpalette und die bei Ihnen üblichen Arbeitsabläufe werde ich mich in kurzer Zeit einarbeiten. Für den Umgang mit Software

und Informationstechnologie bringe ich gute Grundlagen mit.«

11. *Wie viele unentschuldigte Fehltage eines Mitarbeiters sind Ihrer Meinung nach vertretbar?*
Negative Antwort: »Na ja, wenn man krank ist, kann man ja nichts machen.«
Positive Antwort: »Eigentlich keiner. Wenn besondere Entschuldigungsgründe vorliegen, müsste man im Einzelfall entscheiden.«

12. *Würden Sie sich selbst einstellen?*
Negative Antwort: »Ja, obwohl manche meiner Kommilitonen mehr Praxis- und Auslandserfahrung haben.«
Positive Antwort: »Wenn ich eine Stelle zu vergeben hätte, auf die mein Qualifikationsprofil passt, ja. Ich habe ja schon in den Bereichen ... und ... gearbeitet und bringe gute Kenntnisse in ... mit (setzen Sie Ihre Selbstpräsentation ein).«

13. *Haben Sie schon einmal mit dem Gedanken gespielt, sich selbstständig zu machen?*
Negative Antwort: »Ich wollte mal mit einem Freund etwas auf die Beine stellen, aber das hat sich dann zerschlagen.«
Positive Antwort: »Ich habe mich über Studenteninitiativen an Unternehmensplanspielen beteiligt und fand die Entscheiderperspektive sehr interessant. Das unternehmerische Denken und Handeln, das den Markterfolg des Produkts/der Dienstleistung in den Mittelpunkt stellt, ist heute in allen Berufsfeldern wichtig. Ich selbst möchte gerne an komplexen Aufgabenstellungen mitarbeiten und glaube, dass ich dies gerade in größeren Organisationen am besten verwirklichen kann.«

14. *In welchem Alter sollte der Karrieredurchbruch gelungen sein?*
Negative Antwort: »Mit fünfzig will ich eigentlich durch sein.«
Positive Antwort: »Ich möchte mich ständig weiterentwickeln und sehe bis jetzt noch keinen Endpunkt meiner beruflichen Entwicklung.«

15. *Was tun Sie, wenn Sie diese Stelle nicht bekommen?*
Negative Antwort: »Dann muss ich mir wohl etwas anderes suchen.«
Positive Antwort: »Ich würde versuchen, kurz mit Ihnen über die Gründe zu sprechen und Ihre Empfehlungen für das nächste Vorstellungsgespräch nutzen. Ansonsten werde ich mich weiter bewerben und bin eigentlich zuversichtlich, dass mir mit meinem Qualifikationsprofil der Berufseinstieg gelingen wird.«

16. *Was brauchen Sie, um beruflich erfolgreich zu sein?*
Negative Antwort: »Erst einmal eine Stelle.«
Positive Antwort: »Aufgabenstellungen, bei denen ich mein Wissen und meine Erfahrungen einsetzen kann, und eine ergebnisorientierte Arbeitsatmosphäre.«

Fragen zum Unternehmen

17. *Wann haben Sie zum ersten Mal eine Produktanzeige von unserem Unternehmen wahrgenommen?*
Negative Antwort: »Ich habe Ihre Stellenanzeige gelesen.«
Positive Antwort: »Ich habe eine Ihrer Anzeigen zuerst in einer Fachzeitschrift gesehen. Im Studium habe ich begonnen, für mich interessante Branchen zu sichten. Ich habe mit Studenten gesprochen, die schon Praktika durchgeführt haben, und habe mir branchentypische Fachzeitschriften herausgesucht, um einen Überblick über wichtige Unternehmen zu bekommen.«

18. *Seit wann interessieren Sie sich für unser Unternehmen?*
Negative Antwort: »Ich habe Ihre Adresse im *FAZ Hochschulanzeiger* gefunden.«
Positive Antwort: »Zur Studienhalbzeit habe ich begonnen, die für mich infrage kommenden Berufsfelder näher einzugrenzen. Dazu habe ich mich über interessante Arbeitgeber informiert, mir Informationsmaterialien und Produktinformationen zuschicken lassen und bewusst auf die Präsenz Ihres Unternehmens im Produktbereich geachtet. Ich habe mir beispielsweise Messetermine herausgeschrieben, Vorträge besucht und auch

vermehrt auf Anzeigen in Karrieremagazinen und in anderen Medien geachtet.«

19. *Kennen Sie unsere Homepage?*
    Negative Antwort: »Ja, aber das Layout Ihrer Homepage ist völlig unübersichtlich.«
    Positive Antwort: »Ich finde das Internet gerade für Recherchen interessant. Natürlich habe ich auch die Möglichkeit genutzt, mir Ihre Homepage anzusehen. Ich habe mich über die Standorte Ihres Unternehmens informiert, mir Adressen für meine Bewerbungen herausgesucht und ich habe mir auch die Stellenausschreibungen angesehen, um einen Einblick in die Tätigkeitsanforderungen zu bekommen.«

20. *Kennen Sie unsere Produkte/Dienstleistungen? Was interessiert Sie daran?*
    Negative Antwort: »Ich habe schon einmal in einem Testbericht etwas gelesen, für mich selbst waren Ihre Produkte immer etwas zu teuer.«
    Positive Antwort: »Ich habe mich vor meiner Bewerbung bei Ihnen über das Produkt-/Leistungsangebot Ihres Unternehmens informiert. Über die weiterführenden Informationen, die Sie mir zugeschickt haben, habe ich mich sehr gefreut. In meinen Praktika/in meiner Abschlussarbeit habe ich ja schon Kontakt mit ähnlichen Produkten/Dienstleistungen gehabt. Auch im Studium habe ich einen Schwerpunkt auf den Bereich ... gelegt, in dem ich für Sie tätig sein möchte.«

21. *Kennen Sie weitere Standorte unseres Unternehmens?*
    Negative Antwort: »Ich wollte eigentlich gerne in der Nähe meines Wohnortes bleiben, daher habe ich mich damit nicht weiter beschäftigt.«
    Positive Antwort: »Ich habe im Internet recherchiert, daher weiß ich, dass Sie neben dem Stammhaus in ... noch Niederlassungen in ... haben. Wie ich aus der Presse weiß, planen Sie ja auch eine Ausweitung Ihrer Auslandsaktivitäten und beabsichtigen die Gründung von Vertriebsfilialen in ...«

22. *Kennen Sie die Kursentwicklung unserer Aktie?*
Negative Antwort: »Also, äh, eigentlich ...«
Positive Antwort: »Ja, der Kurs lag gestern bei ... Euro. Ihre Aktie hat unter den Technologiewerten eine überdurchschnittliche Performance gezeigt.«

23. *Wenn wir Ihnen einen Etat zur Verfügung stellen, welches Produkt/welche Dienstleistung würden Sie für uns entwickeln?*
Negative Antwort: »Eigentlich gibt es doch schon alles, da fällt mir nichts ein.«
Positive Antwort: »In Ihrer Branche sind im Moment ja sehr viele Unternehmen an der Entwicklung von ... interessiert. Ich würde den Etat dazu nutzen, diese neue Technik als Erster zur Marktreife zu bringen, um so einen deutlichen Wettbewerbsvorsprung für das Unternehmen zu schaffen.« Oder: »Der Bereich E-Commerce bietet meiner Meinung nach ein großes Potenzial für zusätzliche Vertriebsaktivitäten mit dem Vorteil der direkteren Rückmeldung der Kundenzufriedenheit. Ich würde versuchen, erfolgreiche US-amerikanische Modelle in diesem Bereich auf Europa zu übertragen.«

24. *Was wissen Sie über unsere Branche?*
Negative Antwort: »Dass Sie einen großen Einstellungsbedarf haben.«
Positive Antwort: »Ich weiß, dass Ihre Branche durch hohe Qualitätsanforderungen/großen Innovationsdruck/starken Preiswettbewerb/erklärungsbedürftige Produkte beziehungsweise Dienstleistungen gekennzeichnet ist. Auf der ...-Messe habe ich mir vertiefende Informationen über Ihre Branche und deren spezielle Anforderungen verschafft.«

25. *Welchen Eindruck haben Sie von unserem Unternehmen?*
Negative Antwort: »Ich hatte es mir schon etwas moderner vorgestellt.
Positive Antwort: »Ich bin in meiner Meinung bestärkt worden, dass ich gerne für Ihr Haus arbeiten möchte.«

26. *Haben Sie noch Fragen zu dem Informationsmaterial über unser Unternehmen?*

Negative Antwort: »Welches Informationsmaterial?«
Positive Antwort: »Mich würde interessieren, wie der Arbeitsplatz in die Informations- und Entscheidungswege im Unternehmen eingebunden ist.«

Fragen zur Entwicklung in Schule und Studium

27. *Aus welchen Gründen haben Sie sich für Ihr Studium entschieden?*
Negative Antwort: »Einige Studiengänge waren durch den Numerus clausus blockiert, und da haben mir meine Eltern geraten, doch XYZ zu studieren.«
Positive Antwort: »Ich habe mich informiert, welche beruflichen Einstiegsmöglichkeiten mir bestimmte Studiengänge bieten, und habe mich dann für das Studium ... entschieden, weil ich dort die besten Möglichkeiten gesehen habe, meine Interessen zu verwirklichen.«

28. *Gibt es eine innere Logik hinter Ihrem bisherigen Werdegang?*
Negative Antwort: »Mit Abitur wäre es ja schade gewesen, wenn ich nicht auch noch studiert hätte.«
Positive Antwort: »Ich habe immer anspruchsvolle Aufgaben gesucht. Neben der Praxiserfahrung, die ich sammeln konnte, fand ich es auch gut, mich selbstständig in spezielle Theoriebereiche einzuarbeiten. (In meiner Ausbildung habe ich gesehen, dass viele berufliche Positionen für mich nur mit einem Studienabschluss zu erreichen sind, und habe meine Berufspraxis mit dem Studium aufgestockt.) Im Studium habe ich am Institut mitgearbeitet und auch gerne zusätzliche Seminararbeiten übernommen. In den Praktika konnte ich dann erste Berufserfahrung sammeln und habe mein Studium durch ein Auslandssemester abgerundet.«

29. *Würden Sie wieder das gleiche Studium wählen?*
Negative Antwort: »Mein Studium war viel zu theoretisch. Zum Glück bekommt man heute als Ingenieur fast automatisch eine Stelle. Das ist mir lieber als diese Unsicherheit.«
Positive Antwort: »Ja, denn das Studium der ... bietet viele Möglichkeiten zur individuellen Schwerpunktbildung. Ich fand es gut, dass man durch Eigenleistung sowohl spezielle theoretische Kenntnisse erwerben konnte als

auch durch Praktika die Praxis kennenlernen konnte. Daneben war die Unterstützung am Fachbereich durch PC-Labore, Einführungskurse und vertiefende Vorlesungen und Seminare sehr gut.«

30. *Was hat Ihnen in Ihrer Ausbildung/Ihrem Studium am besten gefallen?*
Negative Antwort: »Am Studium gefiel mir, dass alles so schön locker war.«
Positive Antwort: »An der Ausbildung fand ich gut, dass mir sehr früh klar wurde, dass ich mir durch Eigeninitiative berufliche Aufstiegsmöglichkeiten erarbeiten kann.«
Positive Antwort: »Ich fand mein Studium immer dann besonders spannend, wenn ich die Gelegenheit hatte, mein Wissen in die Praxis umzusetzen. Interessant fand ich auch die Auseinandersetzung mit den beruflichen Perspektiven. Durch Gastvorträge von Firmenvertretern und die Mitarbeit in Studentenorganisationen konnte ich mich schon im Studium damit auseinandersetzen, was mich später im Beruf erwarten wird.«

31. *Was hat Sie in Ihrer Ausbildung/Ihrem Studium besonders enttäuscht?*
Negative Antwort: »Eigentlich alles. Man wird von der Hochschule überhaupt nicht auf das Berufsleben vorbereitet, und in einer Ausbildung kann man ja überhaupt nicht kreativ sein.«
Positive Antwort: »Ich war zufrieden. Die eine oder andere Verbesserungsmöglichkeit lässt sich natürlich immer finden. An der Ausbildung haben mir die fehlenden Entwicklungsmöglichkeiten nicht so gut gefallen.«

32. *Was haben Sie in Ihrem Studium nicht erreicht?*
Negative Antwort: »Ich wollte unbedingt einen Prädikatsabschluss machen, dann hätte ich mich nicht so viel bewerben müssen.«
Positive Antwort: »Ich hätte gerne noch einen längeren Aufenthalt an einer ausländischen Hochschule gemacht. Besonders gereizt hätten mich die USA, da dort die Forschungseinrichtungen der Universitäten sehr viel Auftragsforschung für die Industrie machen.«

33. *Warum haben Sie so gute Prüfungszeugnisse?*
Negative Antwort: »Am Studienende waren die Dozenten wegen der schlechten Arbeitsmarktlage großzügig mit den Noten.«/»Ich finde, damit sind meine Leistungen gerade richtig bewertet.«
Positive Antwort: »Weil mir vom Anfang meines Studiums an klar war, dass auch die Noten über interessante Einstiegspositionen entscheiden. Außerdem bemühe ich mich immer, die mir gestellten Aufgaben so gut wie möglich zu bewältigen.«

34. *Warum haben Sie so schlechte Noten in einigen Grundlagenfächern?*
Negative Antwort: »Die anderen hatten viel einfachere Fragen. Ich habe halt die falschen Klausuren erwischt. Außerdem war ich eine Zeit lang krank.«
Positive Antwort: »Das stimmt, in einigen Grundlagenfächern habe ich wirklich nicht die Noten, die ich erreichen wollte. Allerdings ging dies den meisten in meinem Semester genauso, manche mussten entsprechende Klausuren drei Mal wiederholen, das musste ich nicht. Im zweiten Teil des Studiums habe ich aber überwiegend gute Noten erzielen können.«

35. *Was hat Ihnen bei Ihren Praktika besonders gefallen?*
Negative Antwort: »Dass man überall unverbindlich reinschnuppern konnte und mal so sieht, was in einer Firma überhaupt passiert.«
Positive Antwort: »Dass man ins kalte Wasser geworfen wurde und sich schnellstmöglich einarbeiten musste. Bei meinen Praktika fand ich es gut, dass mir das Tagesgeschäft in den von mir angestrebten Positionen vertraut wurde, dass ich anhand von Fragestellungen aus der Praxis auch meine theoretische Basis verbreitert habe und dass ich gesehen habe, dass ich in einer XYZ-Abteilung bestehen kann.«

36. *Was empfanden Sie während der Durchführung Ihrer Praktika als besonders störend?*
Negative Antwort: »Man hat sich überhaupt nicht um mich gekümmert, es sei denn, es wurde jemand zum Kaffee

kochen oder zum Kopieren gesucht. Für so was bin ich mir eigentlich zu schade.«
Positive Antwort: »Jedes Unternehmen, aber auch jede einzelne Abteilung hat ihren eigenen Arbeitsstil. Bei den einen beruht sehr viel auf Eigeninitiative, bei anderen wird man sofort mit konkreten Projekten beauftragt. Ich fand es schade, dass während meines Praktikums ein anderer Praktikant eher hilfesuchend in der Gegend herumlief, ohne sich selbst um Aufgaben zu kümmern. Ich habe gute Erfahrungen damit gemacht, nachzufragen und auf diese Weise immer wieder neue Aufgaben bekommen.«

37. *Warum haben Sie nie die Hochschule gewechselt?*
Negative Antwort: »Meine Eltern wohnen in der Nähe, und ich hätte mir sonst ja auch einen neuen Freundeskreis aufbauen müssen.«
Positive Antwort: »Für mich stand die kurze Studiendauer im Vordergrund. Hinzu kam, dass ich die Möglichkeit hatte, im Bachelorstudium an unserem Lehrstuhl als studentische Hilfskraft mitzuarbeiten, was ich im Masterstudium fortsetzen konnte. Außerdem hatte ich bereits Zusagen für Praktika von interessanten Firmen vor Ort erhalten.«

38. *Warum haben Sie keine Auslandsaufenthalte vorzuweisen?*
Negative Antwort: »Es gab keine Angebote dafür.«
Positive Antwort: »Ich wollte während des Auslandsaufenthaltes auch weiter studieren oder berufliche Erfahrungen sammeln. In meinem Studienfach sind die Möglichkeiten dazu sehr gering.« Oder: »Ich habe mich darauf konzentriert, für mich sinnvolle Praktika bei Unternehmen im Inland durchzuführen.«

39. *Was haben Sie im Studium getan, um Ihre soziale Kompetenz auszubauen?*
Negative Antwort: »Ich habe die Uni-Handballmannschaft trainiert und mir die Vorlesung Rhetorik angehört.«
Positive Antwort: »Ich habe mich an unserem Fachbereich engagiert und dort Wochenenden für Erstsemester organisiert und zusammen mit Professoren und wissen-

schaftlichen Mitarbeitern an der Neuregelung der Prüfungsordnung gearbeitet. Den Stellenwert sozialer Kompetenz im Berufsleben habe ich auch während meiner Praktika erlebt, im Gespräch mit Trainees/der Personalabteilung habe ich mich über Personalentwicklung und Schulungskonzepte informiert.«

40. *Wie gehen Sie mit außergewöhnlichen Belastungen um?*
Negative Antwort: »Ich trete dann etwas kürzer.«
Positive Antwort: »Mit besonderen Belastungen war ich während des Studiums des Öfteren konfrontiert. Mich hat immer die Lösung der Aufgabe motiviert. In meinen Praktika habe ich gesehen, dass besondere Belastungsspitzen immer wieder auftreten. Ich glaube, dass die entsprechende Routine im Tagesgeschäft dazu führt, dass man noch ausreichend Power für besondere Aufgaben zur Verfügung hat.«

Fragen zur Persönlichkeit

41. *Steht für Sie die persönliche Zufriedenheit oder der berufliche Aufstieg im Vordergrund?*
Negative Antwort: »Ich will natürlich so viel wie möglich erreichen.«
Positive Antwort: »Ich strebe es an, zufrieden im Beruf zu sein. Die Lösung von beruflichen Aufgabenstellungen trägt für mich auch zur persönlichen Zufriedenheit bei. Natürlich möchte ich auch eine gewisse Anerkennung für Leistungen erhalten. Ich glaube, dass mein Einsatz für das Unternehmen auch Karriereoptionen nach sich ziehen wird.«

42. *Welche Erwartungen haben Sie an zukünftige Kollegen?*
Negative Antwort: »Dass es nicht so schlecht läuft wie bei uns am Institut, wo jeder nur für sich gearbeitet hat.«
Positive Antwort: »Ich wünsche mir, dass meine Kollegen bereit zur Zusammenarbeit mit mir sind und dass sie bei ihrer Arbeit das Unternehmensinteresse im Auge behalten.«

43. *Inwieweit haben Sie sich im Studium in Ihrer Persönlichkeit verändert?*
Negative Antwort: »Ich lass mich nicht mehr so leicht über den Tisch ziehen.«
Positive Antwort: »Ich habe mehr Verständnis für die Ansichten anderer entwickelt. Früher habe ich mich manchmal bei der Suche nach dem optimalen Lösungsweg zu stark eingeschränkt. Heute weiß ich, dass es oft mehrere Lösungswege gibt, und dass verschiedene Blickwinkel zu einer optimalen Lösung beitragen können.«

---

44. *Wenn wir einen Ihrer Mitstudenten fragen würden, wie würde er Sie beschreiben?*
Negative Antwort: »Als natürlich, flexibel und dynamisch.«
Positive Antwort: »Als aufgeschlossen, engagiert und begeisterungsfähig. Er würde darauf hinweisen, dass ich die Ziele, die ich mir im Studium gesteckt habe, konsequent verfolgt habe, und dass ich auch im Freizeitbereich immer für Organisationsaufgaben ansprechbar bin.«

---

45. *Möchten Sie in einem jungen Team arbeiten oder lieber mit erfahrenen Kollegen?*
Negative Antwort: »In der Hochschule waren wir ein junges Team, so möchte ich auch weiterarbeiten. Junge Teams sind ja viel innovativer und kreativer.«
Positive Antwort: »In meinem Praktikum bei der ABC GmbH habe ich sowohl mit älteren als auch mit jüngeren Kollegen zusammengearbeitet. Ich schätze es, wenn man auf die Erfahrungen von älteren Kollegen zurückgreifen kann. Bei den jüngeren Kollegen habe ich gesehen, wie man das Hochschulwissen in die berufliche Praxis integrieren kann.«

---

46. *Wie verhalten Sie sich in unangenehmen Situationen?*
Negative Antwort: »Man kann ja über alles reden, dann wird es nicht so schlimm.«
Positive Antwort: »Ich löse sie auf. Zuerst frage ich mich, warum ich die Situation als unangenehm empfinde, und dann arbeite ich an einer Lösung. Im Praktikum habe ich gemerkt, dass auch Vorgesetzte und Kollegen mal einen schlechten Tag haben. Manchmal lag mein Unwohlsein aber auch daran, dass ich mich in einige Arbeitsabläufe

erst einarbeiten musste. Deswegen bin ich gelegentlich nach Feierabend in der Firma geblieben, um mich auf die Aufgaben am nächsten Tag vorzubereiten.«

47. *Welche Eigenschaft stört Sie an Menschen am meisten?*
Negative Antwort: »Dass sie andere herumkommandieren und unbedingt ihren Willen durchsetzen wollen.«
Positive Antwort: »Ich erwarte von mir, dass ich zumindest beruflich mit allen Menschen zurechtkomme. Aus dem Kundenkontakt während des Praktikums weiß ich, dass schwierige Kunden einfach dazugehören. Ein Mindestmaß an Ehrlichkeit und Einsatzbereitschaft würde ich von Kollegen erwarten. Im Freizeitbereich kann man sich seinen Umgang ja aussuchen.«

48. *Wie reagieren Sie, wenn Sie ungerechtfertigt kritisiert werden?*
Negative Antwort: »Ich stehe zu meiner Meinung, schließlich bin ich kein kleines Kind mehr.«
Positive Antwort: »Ich versuche herauszubekommen, wo die Gründe für die ungerechtfertigte Kritik liegen. Menschen haben nun manchmal einen schlechten Tag, das geht meistens schnell vorbei.«

49. *Welche Eigenschaften müsste Ihr idealer Vorgesetzter mitbringen?*
Negative Antwort: »Er dürfte auf keinen Fall so sein wie mein Betreuer im Praktikum. Der war völlig konfus und konnte überhaupt keine klaren Anweisungen geben.«
Positive Antwort: »Er müsste fachlich in der Lage sein, Aufgaben so zu strukturieren, dass sie von den Mitarbeitern zu bewältigen sind. Daneben würde ich mir wünschen, dass er mich auch mit komplexeren Aufgaben fordert.«

50. *Welchen Führungsstil bevorzugen Sie?*
Negative Antwort: »Wenn man Mitarbeiter richtig motiviert, arbeiten sie von allein viel effektiver.«
Positive Antwort: »In meinen Praktika habe ich gesehen, dass Führung sich auf die zu erledigenden Aufgaben beziehen sollte. Gut ist es, wenn Aufgaben richtig delegiert werden und man für die Arbeitsergebnisse ein Feedback bekommt. Generell würde ich sagen, dass ich Führen durch Zielvereinbarung vorziehe.«

51. *Arbeiten Sie lieber fantasievoll oder pragmatisch?*
Negative Antwort: »Das Kreative geht immer unter, aber schließlich ist es doch am wichtigsten, eine gute Idee zu haben.«
Positive Antwort: »Das kommt auf die Aufgabenstellung an. Im Berufsalltag sind zuerst einmal Routineaufgaben zu erledigen, um die betrieblichen Abläufe nicht zu stören. Um die Marktposition eines Unternehmens auszubauen, sind natürlich auch Innovationen und Optimierungen wichtig. Ich selbst habe in meinem Praktikum sowohl das Tagesgeschäft bewältigt als auch an Strategiemeetings teilgenommen.«

52. *Welche persönlichen Fähigkeiten halten Sie für wichtig?*
Negative Antwort: »Durchsetzungsfähigkeit und Führungspotenzial.«
Positive Antwort: »Integrität, ich finde es wichtig, dass man auch unter Belastung im Team die Aufgabe im Blick behält und dass man Unternehmensinteressen an seinem Arbeitsplatz mitträgt.«

53. *Welche Lebensziele möchten Sie unbedingt erreichen?*
Negative Antwort: »Dass man im Unternehmen meine fachliche Autorität respektiert, schließlich habe ich studiert!«
Positive Antwort: »Ich möchte jetzt erst einmal den Berufseinstieg bewältigen, und dann möchte ich mich beruflich entwickeln können. Natürlich möchte ich mir auch finanziell das eine oder andere leisten können. Eigentlich bin ich mit meiner Situation und den Perspektiven, die ich mir aufgebaut habe, zufrieden.«

54. *Wie gehen Sie mit persönlichen Krisen um?*
Negative Antwort: »Ich vergrabe mich dann und sehe viel fern.«
Positive Antwort: »Jeder hat mal einen schlechten Tag, auch ich. Wenn ich einmal nicht so gut gelaunt bin, treffe ich mich mit Freunden, gehe ins Kino oder mit meiner Freundin spazieren.«

55. *Was hat Sie an Mitstudenten am meisten gestört?*
Negative Antwort: »Dass sich keiner mehr für andere engagiert und alle nur noch Statussymbole im Kopf haben.«
Positive Antwort: »Ich mag das große Jammern über die schlechten Zustände an der Hochschule und das Wehklagen über die schlechten Berufsaussichten nicht. Schließlich hat jeder die Möglichkeit, aus seiner Situation mehr herauszuholen.«

56. *Wie, glauben Sie, schätzen andere Menschen Sie ein?*
Negative Antwort: »Als netten Menschen.«
Positive Antwort: »Als verlässlich und freundlich. Diejenigen, die mich besser kennen gelernt haben, würden auch meine Vorliebe für analytisches Vorgehen und mein Organisationstalent hervorheben.«

57. *Was würden Sie tun, wenn Sie mehr Freizeit hätten?*
Negative Antwort: »Mehr reisen.«
Positive Antwort: »Ich wüsste noch so viel, womit ich mich näher beschäftigen möchte. Zum einen sind dies Themenbereiche, die mit meiner beruflichen Entwicklung zu tun haben, zum Beispiel Qualitätsmanagement/Projektleitung/Verhandlungstechniken. Zum anderen interessiere ich mich auch für die Ausweitung meiner Sprachkenntnisse, ich würde gerne noch besser italienisch/spanisch sprechen.

58. *Kommen Sie gut mit älteren Kollegen zurecht?*
Negative Antwort: »Na ja, viele ältere Kollegen verstecken sich doch hinter der täglichen Routine, die haben gar kein Interesse an Neuerungen. Deswegen war es im Praktikum oft schwierig, vernünftig mit älteren Mitarbeitern zusammenzuarbeiten.«
Positive Antwort: »Ja, ich komme auch gut mit älteren Kollegen zurecht. In meinem Praktikum habe ich neben jüngeren Mitarbeitern auch ältere Kollegen gehabt. Ich habe sie von mir aus angesprochen, wenn ich das Gefühl hatte, dass sie mir den einen oder anderen Tipp geben könnten. Es ist schon spannend, auf was für einen Erfahrungsschatz man dabei treffen kann.«

59. *Kennen Sie beruflich erfolgreiche Menschen?*
Negative Antwort: »Ja, meinen Professor.«
Positive Antwort: »Ich habe während meiner Praktika beruflich erfolgreiche Menschen kennen gelernt. Auch in der Hochschule gab es Professoren, die sich einen sehr guten Ruf erarbeitet haben.«

Fragen zur privaten Lebensgestaltung

60. *Was denkt Ihre Freundin/Ihr Freund über Ihre beruflichen Pläne?*
Negative Antwort: »Das entscheide ich allein.«
Positive Antwort: »Meine Freundin/mein Freund unterstützt mich in meiner beruflichen Entwicklung. Wir haben uns zusammengesetzt und darüber gesprochen, wie meine weitere berufliche Zukunft aussehen wird. Dass ich auch mit hohen Arbeitsbelastungen konfrontiert werde, kenne ich aus den Praktika und der Zeit meiner Studienabschlussarbeit, und meiner Freundin/meinem Freund ist dies ebenso bewusst.«

61. *Wie sieht Ihre private Lebensplanung aus?*
Negative Antwort (für Frauen): »Ich bin mir noch nicht ganz sicher, wie es beruflich weitergehen soll, denn ich möchte schon irgendwann Kinder haben.«
Negative Antwort (für Männer): »Geld verdienen und Karriere machen.«
Positive Antwort: »Ich werde mich bemühen, meine beruflichen und privaten Ziele miteinander in Einklang zu bringen. Nach dem Berufseinstieg möchte ich mich beruflich weiterentwickeln und ich möchte mich auch weiter im privaten Bereich engagieren, zum Beispiel in der Alumni-Organisation meiner Studentenvereinigung tätig sein.«

62. *Sind Sie in Ihrer Freizeit lieber allein oder ziehen Sie die Geselligkeit in der Gruppe vor?*
Negative Antwort: »Ich spiele lieber Handball, als stumpfsinnig meine Runden um den Sportplatz zu drehen. Außerdem gibt es nach dem Spiel auch noch die dritte Halbzeit.«

Positive Antwort: »Ich treffe mich gerne mit Freunden und organisiere gemeinsame Freizeitaktivitäten, aber ich lese auch einmal in aller Ruhe ein gutes Buch.«

63. *Was haben Sie letzte Woche gemacht?*
Negative Antwort: »Im Moment muss ich ja nicht so früh raus, ich hab dann einfach den Tag genossen.«
Positive Antwort: »Ich habe mich auf meine Abschlussprüfungen vorbereitet.« Oder: »Ich habe mich intensiv auf das Vorstellungsgespräch mit Ihnen vorbereitet.« Oder: »Ich habe mich mit anderen Studenten getroffen, um an unserem Institut noch laufende Forschungsreihen abzuschließen, und habe Literaturrecherchen für einen Dozenten durchgeführt.«

64. *Wie entspannen Sie sich?*
Negative Antwort: »Den Fernseher einschalten und so ein paar Bierchen am Abend schaden ja auch nicht.«
Positive Antwort: »Ich halte mich fit durch Ausdauersport und verbringe auch gerne einmal einen ruhigen Abend in meiner Wohnung.«

65. *Welche Unterstützung bekommen Sie von Ihrer Partnerin beziehungsweise Ihrem Partner?*
Negative Antwort: »Wir streiten uns eher, weil nicht klar ist, wo wir beruflich landen werden.«
Positive Antwort: »Wir sind beide sehr engagiert, und jeder weiß, dass die berufliche Zukunft für den anderen einen hohen Stellenwert hat.«

66. *Treiben Sie Sport?*
Negative Antwort: »Klar, Sport ist doch eine tolle Sache. Ich verbringe jede freie Minute mit meinem Hobby XYZ.«
Positive Antwort: »Ich spiele Tennis/fahre Rad/jogge etc.« Oder: »Ich hatte in der Abschlussphase keine Möglichkeit, Sport zu treiben. Um den Kopf trotzdem frei zu bekommen, habe ich ausgedehnte Spaziergänge gemacht.«

67. *Was würden Sie machen, wenn Sie eine Million Euro im Lotto gewinnen würden?*
Negative Antwort: »Dem Chef auf den Schreibtisch schei... und dann kündigen.«
Positive Antwort: »Ich würde mir ein Haus kaufen, und mit dem restlichen Geld würde ich mich an der Entwicklung ausgesuchter Unternehmen beteiligen.«

Stressfragen

68. *(Für FH-Absolventen) Haben Sie sich ein Universitätsstudium nicht zugetraut?*
Negative Antwort: »Ich konnte mit der Fachhochschulreife ja gar nicht an die Uni. Außerdem ist mir da alles zu praxisfern.«
Positive Antwort: »Für mich war es wichtig, dass ich die Erfahrungen aus meiner Berufsausbildung in ein Studium einbringen und durch zusätzliches Fachwissen ausbauen konnte. Der straffe Studienplan und die kürzere Studienzeit waren für mich ein zusätzliches Argument für mein FH-Studium.«

69. *(Für Uni-Absolventen) Sie haben sehr theorielastig studiert. Haben Sie Berührungsängste vor der beruflichen Praxis?*
Negative Antwort: »Ich hätte gerne promoviert, das meiste, was in der Praxis passiert, ist völlig konzeptionslos und bedarf dringend der theoretischen Hinterfragung.«
Positive Antwort: »Ich habe erste berufliche Erfahrungen in Praktika gesammelt. Sicherlich besteht eine Kluft zwischen dem an der Universität vermittelten Wissen und der praktischen Berufsausführung. Das Universitätsstudium bietet jedoch Freiräume, diese Kluft durch eigenes Engagement zu schließen. Für mich selbst stand von vornherein der Einstieg in die Berufspraxis im Vordergrund und nicht die Hochschulkarriere.«

70. *Warum haben Sie Ihre Praktika immer bei der gleichen Firma gemacht?*
Negative Antwort: »Das bot sich so an. Mein Vater hat dort gearbeitet.«
Positive Antwort: »Weil ich im zweiten Praktikum komplexere Aufgaben übernehmen konnte. Ich wollte tiefer in

die Bewältigung beruflicher Aufgaben einsteigen, daher hielt ich es für sinnvoll, mich in einem ersten Praktikum für weitere Aufgaben zu empfehlen.«

71. *Warum sind Sie nie aus der Hochschule herausgekommen?*
Negative Antwort: »Wir haben während des Studiums von der Hochschule überhaupt keine Angebote bekommen.«
Positive Antwort: »Ich habe die Möglichkeiten genutzt, die sich an der Hochschule boten. Neben der Vertiefung von Spezialgebieten habe ich einen Teil meines Studiums am Lehrstuhl für ... finanziert. Im Nachhinein sehe ich es auch so, dass ich mich für ein Praktikum hätte entscheiden sollen. Ich hätte dann jedoch nicht kontinuierlich an von meinem Professor durchgeführten Forschungsvorhaben mitarbeiten können.«

72. *Sind Sie nicht überqualifiziert für diese Position?*
Negative Antwort: »Eigentlich ja, aber irgendwo muss man ja erst mal einsteigen.«
Positive Antwort: »Das Studium ist für mich eine Grundlage, mich in verschiedenen Berufen bewähren zu können. Die Berufspraxis unterscheidet sich von der Hochschulwirklichkeit. Für mich steht jetzt der Berufseinstieg im Vordergrund. Über meine weitere Entwicklung würde ich dann gerne zu gegebener Zeit noch einmal mit der Personalabteilung reden.«

73. *Wenn ich jetzt den Betreuer Ihrer Abschlussarbeit anrufen würde, was würde er an Ihrer Arbeitsweise kritisieren?*
Negative Antwort: »Dass ich mich in dem einen oder anderen Punkt etwas verzettelt habe.«
Positive Antwort: »Er würde an meiner Abschlussarbeit loben, dass ich sowohl die wissenschaftliche Seite sehr gut bearbeitet habe als auch die Konsequenzen für die betriebliche Praxis herausgestellt habe. Bei der Vielzahl von Prüflingen war allerdings die Terminkoordination mit dem betreuenden Dozenten nicht immer einfach.«

74. *Wenn es an Ihren Fähigkeiten nichts zu kritisieren gibt, warum haben Sie dann noch keinen Arbeitsvertrag?*
Negative Antwort: »Die Firmen haben doch völlig unrealistische Anforderungen an Berufseinsteiger.«
Positive Antwort: »Ich möchte in meiner Einstiegsposition möglichst viel von meinen Qualifikationen umsetzen können. Daher habe ich ganz bewusst für mich interessante Unternehmen ausgewählt. Ich warte lieber auf eine Rückmeldung dieser Unternehmen, als zu versuchen, möglichst schnell irgendwo den Einstieg zu schaffen.«

75. *Erinnern Sie sich an Ihren schlechtesten Dozenten. Was hat Sie am meisten an ihm gestört?*
Negative Antwort: »Es gab eigentlich gar keine guten Dozenten bei uns. Jeder kaute sein eigenes Fachgebiet bis zum Erbrechen durch. Wir Studenten wurden doch links liegen gelassen.«
Positive Antwort: »Ich fand es eher interessant, mich auf die Eigenarten meiner Dozenten einzustellen. Da die Vor- und Nachbereitung von Lehrveranstaltungen einen großen Stellenwert hat, kann man bestimmte Macken der Dozenten wieder ausgleichen. Außerdem hilft es ja nichts zu jammern, mit bestimmten Leuten muss man einfach zurechtkommen.«

76. *Ich habe den Eindruck, dass man an Ihrer Hochschule mit guten Noten um sich wirft. Stimmen Sie mir zu?*
Negative Antwort: »Na ja, in anderen Fachbereichen war es wohl schon etwas schwerer, an gute Noten zu kommen.«
Positive Antwort: »Ich habe viel für meine Noten getan und freue mich, dass sich meine Leistungen im Studium auch in entsprechenden Bewertungen widerspiegeln.«

77. *Warum haben Sie so lange studiert?*
Negative Antwort: »Solange die Gesellschaft nicht einsieht, dass Bildung ihr höchstes Gut ist, wird man halt zwischen der Doppelbelastung Job und Studium zerrissen.«
Positive Antwort: »Ich habe etwas länger für die Suche nach einem für mich geeigneten Berufsfeld gebraucht. Da ich mein Studium selbst finanziert habe, hat dies meine

Studienzeit auch etwas verlängert. Die durchschnittliche Studiendauer in meinem Fach und an meiner Hochschule habe ich nur geringfügig überschritten.«

78. *Warum haben Sie Ihren Studiengang gewechselt?*
Negative Antwort: »Ich wusste nach der Schule nicht, was ich machen sollte, und habe dann erst mal angefangen, irgendetwas zu studieren.«
Positive Antwort: »Weil ich nicht mehr der Meinung war, dass mein erster Studiengang mich ausreichend auf das spätere Arbeitsleben vorbereitet. Ich habe mich dann umfassend informiert, bevor ich meinen neuen Studiengang gewählt habe. Die Informationen über den für mich richtigen Studiengang ließen sich in der Hochschule besser beschaffen als während der Schulzeit.«

79. *Warum haben Sie erst so spät festgestellt, dass Ihr erster Studiengang nichts für Sie ist?*
Negative Antwort: »Zuerst dachte ich, dass ich es packe, aber irgendwann war die Motivation dann weg.«
Positive Antwort: »Ich bin der Typ, der nicht gleich aufgibt, wenn Schwierigkeiten auftreten. Ich war lange der Meinung, dass ich durch Eigeninitiative fehlende Fachveranstaltungen ausgleichen könne. Leider hat sich dies als nicht möglich herausgestellt. Ich habe dann Teile aus meinem ersten Studium mit in mein zweites Studium übernommen. Da ich mich im zweiten Studium zielgerichteter auf die zukünftige Berufstätigkeit vorbereiten konnte, habe ich diesen Schritt nicht bereut.«

80. *Warum sind Sie den Umweg über eine Ausbildung gegangen?*
Negative Antwort: »Meine Eltern haben mir gesagt, dass ich erst einmal eine richtige Berufsausbildung machen soll.«
Positive Antwort: »Nach der Schule wollte ich erst einmal die betriebliche Wirklichkeit kennen lernen. Ich war mir nicht sicher, welche Qualifikationen ich für einen beruflichen Aufstieg mitbringen muss. In der Ausbildung hat sich dann herausgestellt, dass für einige berufliche Positionen ein Studium notwendig ist.«

81. *Finden Sie nicht, dass eine Berufsausbildung vor Ihrem Studium sinnvoll gewesen wäre?*
Negative Antwort: »Dann wäre ich ja noch später fertig geworden.«
Positive Antwort: »Ich wollte zwischen Schule und Studium keine Ausbildung einschieben, da ich der Meinung bin, dass ich so zumindest formal keine höhere Qualifikation erreicht hätte. Die auch aus meiner Sicht wichtigen Praxisanteile habe ich durch Praktika erworben.«

---

82. *Ihre Hochschule hat einen eher schlechten Ruf. Informieren Sie sich immer so nachlässig, bevor Sie derart wichtige Entscheidungen treffen?*
Negative Antwort: »Das stimmt doch überhaupt nicht.«
Positive Antwort: »Für mich war es wichtig, fundiert studieren zu können. Die Rahmenbedingungen waren an meiner Hochschule in Ordnung. Einige meiner Professoren hatten durchaus einen guten Ruf in Wissenschaft und Industrie. Die Sachmittelausstattung ermöglichte es mir, in Eigenregie zu arbeiten. So habe ich mich in unserem PC-Labor mit der in meinem Berufsfeld gängigen Software vertraut gemacht.«

---

83. *Mochten Sie das Gefühl, sich in einer Massenuniversität vor Leistungsanforderungen verstecken zu können?*
Negative Antwort: »Es ist ja nicht meine Schuld, dass die Hochschullandschaft so zugrunde gegangen ist.«
Positive Antwort: »Es ist mir wichtig, zu meinen Leistungen Rückmeldungen zu erhalten. Zu diesem Zweck habe ich immer wieder Referate und Seminararbeiten übernommen. Die Bewährungsprobe in der Praxis geschieht sowieso außerhalb der Hochschule. Ich habe zwei Praktika durchgeführt und mich auf diese Weise mit den Anforderungen in meinem zukünftigen Berufsfeld vertraut gemacht.«

---

84. *Werden Sie es schaffen, beruflich weiter als Ihr Vater zu kommen?*
Negative Antwort: »Die Generation meiner Eltern hat es doch noch gut gehabt, da gab es für jeden mit Hochschulabschluss eine ordentlich bezahlte und sichere Stelle.«
Positive Antwort: »Ich stehe mit meinem Vater nicht in einem Wettbewerb. Ich möchte das Beste aus meinen Fä-

higkeiten machen. Selbstverständlich ist mir die Anerkennung meiner Eltern wichtig.«

85. *Ihre Fähigkeiten sind eher durchschnittlich, finden Sie nicht auch?*
Negative Antwort: »Na ja, ehrlich gesagt, es gibt schon Studenten mit besseren Noten.«
Positive Antwort: »Ich verfüge über erste berufliche Erfahrungen in den Bereichen ... (Tätigkeiten aus dem Praktikum angeben) und habe meinen Studienschwerpunkt XYZ durch zusätzliche Seminare vertieft. In meinen Praktika habe ich positive Rückmeldungen über meine Arbeit bekommen, das hat mich in dem Wunsch bestärkt, als ... (Einstiegsposition) für Sie tätig zu werden.«

86. *Verlieren Sie den Überblick, wenn es hektisch wird?*
Negative Antwort: »Ich lasse es geruhsam angehen. Hektik gehe ich aus dem Weg.«
Positive Antwort: »Die in meinem Praktikum/meiner Projektarbeit/meiner Studienabschlussarbeit zu bearbeitenden Aufgaben waren termingerecht abzuliefern, daher kenne ich das Arbeiten unter Zeitdruck. Ich weiß, dass hohe Arbeitsbelastungen sowohl im Studium als auch im Berufsleben immer wieder entstehen, und kann damit umgehen.«

87. *Was halten Sie von diesem Satz: Es gibt Menschen, die den Kaffee schwarz trinken, wenn die Milch beim Chef steht?*
Negative Antwort: »Ja, es gibt viele Anpasser und Duckmäuser. Nur wenige trauen sich doch, dem Chef einmal zu widersprechen. Das liegt aber daran, dass die meisten Vorgesetzten auch nicht wirklich mit Kritik umgehen können.«
Positive Antwort: »So etwas soll es geben. Ich persönlich finde es ja besser, ein gutes Verhältnis zum Vorgesetzten zu pflegen. In meinem Praktikum klappte die Zusammenarbeit mit den Kollegen genauso gut wie mit dem Vorgesetzten.«

88. *Warum haben Sie sich nicht in der Hochschulselbstverwaltung engagiert?*
Negative Antwort: »Da wird doch nur viel geredet. Im Endeffekt entscheiden sowieso nur die Professoren.«
Positive Antwort: »Ich habe mich mit den Rahmenbedingungen meines Studiums vertraut gemacht. Dazu gehörte auch die Lektüre von Studien- und Prüfungsordnungen. Ich fand, dass die Bedingungen in meinem Studium gut genug waren, und habe innerhalb der vorhandenen Strukturen mein Studium durchgeführt.«

89. *Sie wohnen noch bei Ihren Eltern. Scheuen Sie die Selbstständigkeit?*
Negative Antwort: »Ich habe mein Geld lieber für den Urlaub ausgegeben, als eine teure Miete zu zahlen.«
Positive Antwort: »Ich komme mit meinen Eltern gut aus und führe einen eigenen Haushalt in der Wohnung/im Haus meiner Eltern. Ich fand, dass die Nähe meines Wohnortes zur Hochschule eine gute Basis war, um mich auf mein Studium konzentrieren zu können.«

90. *Haben Sie schon einmal durchgerechnet, wie viel der Steuerzahler aufbringen musste, um Ihren Studienplatz zu finanzieren?*
Negative Antwort: »Nein, aber die Mittel sind doch eher zu knapp, oder?«
Positive Antwort: »Mir ist schon bewusst, dass die Studienkapazitäten auch finanziert werden müssen. Ich habe die Angebote sehr gut nutzen können, um mein Wunschstudium aufnehmen und mir aktuelles Fachwissen aneignen zu können. Wenn ich jetzt in meiner Wunschposition tätig werde, werde ich über meine Steuerzahlungen ja ebenfalls zur Finanzierung von Studienplätzen beitragen.«

91. *Wo sehen Sie die Ursachen für die Mittelmäßigkeit der deutschen Hochschullandschaft?*
Negative Antwort: »Zu viele Studenten, zu wenig Professoren und Geld.«
Positive Antwort: »Ich glaube, dass es auch in Deutschland sehr gute Hochschulen gibt. In den letzten Jahren hat sich ja vieles verändert. Auch wenn die Hochschulreformen nicht überall perfekt umgesetzt worden sind, ist die Richtung insgesamt doch zu erkennen.«

92. *Würden Sie Forschungsergebnisse so anpassen, dass sie den Interessen des Auftraggebers entgegenkommen?*
Negative Antwort: »Nein.«
Positive Antwort: »Nein, wobei zu bedenken ist, dass auch Forschungsergebnisse auslegungsbedürftig sind.«

93. *Warum kümmern sich Professoren so wenig um ihre Studenten?*
Negative Antwort: »Weil sie Beamte sind.«
Positive Antwort: »Weil der Schwerpunkt ihrer Tätigkeit in der Forschung und der Abnahme von Prüfungsleistungen liegt.«

94. *Werden Sie die Freiheiten des Studentenlebens vermissen?*
Negative Antwort: »Ich werde ja finanziell entschädigt.«
Positive Antwort: »Ich möchte das Wissen und die Fähigkeiten, die ich mir im Studium erarbeitet habe, jetzt im Berufsleben umsetzen. Da das Ziel meines Studiums der Berufseinstieg ist, stand für mich schon immer eher das Berufsleben als das Studentenleben im Vordergrund.«

95. *Wohnen Sie lieber allein oder in einer Wohngemeinschaft?*
Negative Antwort: »Ich finde Wohngemeinschaften gar nicht schlecht, nur kümmert sich natürlich keiner mehr um irgendetwas.«
Positive Antwort: »Ich komme mit beiden Situationen zurecht. In Wohngemeinschaften muss man halt Mittel und Wege finden, gemeinschaftliche Arbeiten aufzuteilen.«

96. *Ich habe den Eindruck, Sie haben sich in Ihrem Studium hinter den Leistungen Ihrer Arbeitsgruppe versteckt.*
Negative Antwort: »Man muss sich ja nicht alle Vorlesungen und Seminare persönlich antun.«
Positive Antwort: »Alle Prüfungsleistungen müssen persönlich zurechenbar sein. In Übungen und bei der Vorbereitung und Nachbereitung von Seminaren habe ich auch in der Gruppe gearbeitet. Gerade wenn es um sehr komplexe Themen geht, ist es sinnvoll, sich über Lösungsansätze auszutauschen. Ich habe das Arbeiten in der Gruppe auch immer als Ansporn und Leistungsvergleich verstanden.«

97. *Welche beruflichen Positionen würden Sie auf keinen Fall annehmen?*
Negative Antwort: »Wenn Sie etwas anderes für mich haben, würde ich es auch annehmen.«
Positive Antwort: »Berufliche Positionen, in denen mein Qualifikationsprofil nicht nutzbringend einsetzbar ist. Ich habe ja bisher ... (verkürzte Fassung Ihrer Selbstpräsentation), daher glaube ich, dass ich in dem Bereich ... tätig werden sollte.«

98. *Sie haben mich noch nicht überzeugt, ich glaube, Sie passen nicht zu uns.*
Negative Antwort: »Das ist aber schade.«
Positive Antwort: »Das ist schade, denn das Gespräch hat mich in meinem Wunsch bestärkt, für Sie zu arbeiten. Bisher habe ich ... (verkürzte Fassung Ihrer Selbstpräsentation). Dieses Wissen möchte ich gerne in Ihrem Unternehmen einsetzen.«

99. *Angenommen, Ihr Abteilungsleiter hätte für den nächsten Tag eine Pressekonferenz angesetzt und wäre plötzlich verhindert. Würden Sie diesen Termin für ihn wahrnehmen?*
Negative Antwort: »Da gibt es doch bestimmt Leute, die das besser können.«
Positive Antwort: »Ich gehe einmal davon aus, dass ich mit den Themen, die auf der Pressekonferenz besprochen werden sollen, schon in Berührung gekommen bin. Dann würde ich den Termin wahrnehmen und mich vorher möglichst umfassend in der Abteilung informieren. Wenn das Thema für mich völlig fremd ist, würde ich eher darauf verzichten, um nicht durch falsche Auskünfte meiner Abteilung zu schaden.«

100. *Würden Sie sich bei Konflikten in Ihrer Abteilung auf die Seite Ihrer Kollegen oder auf die Seite Ihres Vorgesetzten schlagen?*
Negative Antwort: »Ich finde es wichtig, dass man zusammenhält.«
Positive Antwort: »Ich halte es für wichtiger, Konflikte aufzulösen, als sich an Grabenkämpfen zu beteiligen. Ich würde versuchen, einen Statusbericht zu erstellen, aus dem ersichtlich wird, welche Positionen strittig sind und wo Gemeinsamkeiten vorhanden sind. Vielleicht lässt sich so ein Riss durch die Abteilung in einem gemeinsamen Gespräch mit dem nächsthöheren Vorgesetzten wieder schließen.«

Mehr auf der CD in »Ihre Bewerbung«, Kapitel 17

13. Überzeugen Sie mit souveräner Körpersprache

Professionell geschulte Personalverantwortliche werten im Vorstellungsgespräch Ihre körpersprachlichen Signale genauso aus wie Ihre Antworten. Bei anderen Unternehmensvertretern wirkt die Körpersprache – indirekt – als entscheidender Sympathie- oder Antipathiefaktor. Sie selbst können mit Ihrer Körpersprache negative Spannung aufbauen oder eine produktive Gesprächsatmosphäre herbeiführen.

Die Konsequenzen körpersprachlicher Signale

In Vorstellungsgesprächen können Sie durch körpersprachliche Signale drei gravierende Fehlerketten mit Konsequenzen für den weiteren Gesprächsverlauf auslösen:

- → **Sie stehen sich selbst im Weg.**
- → **Sie verscherzen sich Sympathie.**
- → **Sie wirken unglaubwürdig.**

Sie stehen sich selbst im Weg: Sie können sich durch Ihre eigene Anspannung, die sich über Ihre Haltung und Gestik äußert, selbst daran hindern, aktiv an dem Gesprächsverlauf teilzunehmen. Ihre körperliche Anspannung wirkt sich immer auch auf Ihren Zugriff auf Gedächtnisinhalte aus. Wenn Sie körperlich stark angespannt sind, nehmen Sie die Situation, in der Sie sich gerade befinden, als Stress wahr.

Im Stress sind Sie blockiert, können nicht mehr klar denken und nicht richtig formulieren. Sie kennen diese Situation wahrscheinlich aus Prüfungen, in denen Sie das Gefühl hatten, neben sich zu stehen, oder im schlimmsten Fall ein Blackout erlebten. Verkrampfungen interpretiert nicht nur Ihr Gegenüber als Stresssignal, sondern auch Ihr eigenes Gehirn. Dies führt dazu, dass längst verschüttet geglaubte Urinstinkte Sie in einen Dämmerzustand zwischen Flucht- und Angriffsreaktionen fallen lassen.

Körperliche Anspannung kann Ihr Gehirn blockieren

Der Schwerpunkt Ihrer Eigenwahrnehmung wird sich in Stresssituationen immer mehr auf das körperliche Empfinden konzentrieren. Ihr Stammhirn versucht die Entscheidung zu treffen, ob Sie körperlich fit genug für einen Angriff sind oder einem Kampf aus dem Weg gehen und sich lieber tot stellen sollten. Die entwicklungsgeschichtlich neueren kognitiven Gehirnbereiche, die für Sprachverarbeitung zuständig sind, werden durch Stress beeinträchtigt. Ihre Fähigkeiten, zu denken und zu formulieren, sinken damit ab. Analytisches Denken ist in dieser körperlichen Verfassung nur noch schwer möglich.

Ihrem Gegenüber signalisieren Sie durch Ihre nach außen sichtbare Anspannung, dass Sie sich in der momentanen Situation unwohl fühlen und so schnell wie möglich den Raum wieder verlassen möchten. Natürlich wird Ihr Gegenüber auf diese Signale nicht gerade positiv reagieren. Die Vermutung von Personalverantwortlichen, dass Sie sich bei schwierigen Situationen im Arbeitsleben lieber verstecken oder davonlaufen, spricht leider auch nicht für Sie.

Mit Dominanzgesten verscherzen Sie Sympathie

Sie verscherzen sich Sympathie: Sie können durch körpersprachliche Signale die Sympathie Ihres Gegenübers verlieren. Dies ist ein schwerwiegender Fehler, da Ihnen entgegengebrachte zwischenmenschliche Sympathie auch immer berufliche Akzeptanz beinhaltet. Man hält Sie für die ausgeschriebene Stelle geeignet, wenn Sie sich im Vorstellungsgespräch einen Sympathiebonus erarbeiten können. Die Vorarbeiten hierzu haben Sie schon durch Ihre ausformulierte Selbstpräsentation und die Beschäftigung mit den Fragenblöcken, die Sie erwarten, geleistet.

Diesen Bonus sollten Sie nicht durch Konfrontations- und aggressive Dominanzgesten leichtfertig verspielen. In dem Moment, in dem Sie im Vorstellungsgespräch Kampfsignale aussenden, verlieren Sie die Bereitschaft Ihres Gegenübers, dass man Ihnen unvoreingenommen zuhört. Daneben wird man Ihnen die geforderte Belastungsfähigkeit absprechen.

Ihre Körpersprache sollte mit Ihren Ausführungen übereinstimmen

Sie wirken unglaubwürdig: Die von Ihnen gelieferte Einschätzung, dass Sie die geeignete Bewerberin beziehungsweise der geeignete Bewerber sind, muss im Vorstellungsgespräch auch optisch deutlich werden. Personalverantwortliche sind darauf trainiert, bei Bewerbern auf Körpersignale zu achten, die im Widerspruch zu den gesprochenen Ausführungen stehen.

Wenn solche Unstimmigkeiten zwischen dem Gesagten und dem körperlichen Ausdruck häufiger auftreten, leidet Ihre Glaubwürdigkeit. Die Auswirkungen sind hier gravierend, da Ihr gesamter Auftritt im Vorstellungsgespräch durch eine unstimmige Körpersprache entwertet wird. Letztendlich werden Ihre vielen guten Einstellungsargumente eher skeptisch beurteilt werden. Damit verschlechtern sich die Chancen auf eine Einstellung leider deutlich.

Wie Sie schrittweise lernen, falsche Körpersignale zu unterlassen

Wir zeigen Ihnen nun in fünf Teilschritten, wie Sie es vermeiden, die dargestellten Fehlerketten in Vorstellungsgesprächen auszulösen, und welche Körpersprache als Basis für ergebnisorientierte Vorstellungsgespräche geeignet ist. Die fünf Teilschritte lauten:

1. **Anspannung erkennen**
2. **Konfrontation vermeiden**
3. **Stress- und Verlegenheitsgesten reduzieren**
4. **Aggressive Dominanzgesten unterlassen**
5. **Eine konzentrierte Grundhaltung einnehmen**

Anspannung erkennen

Sehen Sie sich bitte die Fotos 1 bis 4 auf der nächsten Seite an. Sicherlich haben Sie diese Sitzhaltungen schon einmal gesehen. Über die Haltungen, die der Bewerber einnimmt, wird sein momentan angespannter innerer Zustand sichtbar.

Nehmen Sie eine konzentrierte Haltung ein

Die »Auf-der-Flucht«-Haltung des Fotos 1, die »Im-Boden-versinken«-Haltung des Fotos 2 und die »Ich-will-nach-Hause«-Haltung des Fotos 3 zeigen einen angespannten Bewerber, der sich unwohl fühlt. Auffällig bei allen drei Fotos ist der nach innen gerichtete Blick. Starke Anspannung führt dazu, dass Sie nur noch Ihrem eigenen Unwohlsein nachspüren und auf diese Weise den Kontakt zu Ihrem Gegenüber verlieren. Eine überzeugende Selbstdarstellung ist aber ohne (Augen-)Kontakt nicht möglich.

Wenn Personalverantwortliche merken, dass Sie sich aus dem aktiven Gesprächsgeschehen zurückziehen, werten sie

1: Auf der Flucht

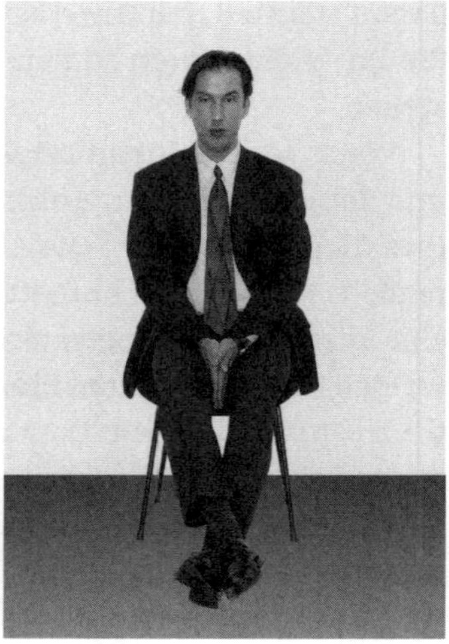

2: Im Boden versinken

3: Ich will nach Hause ...

4: Efeuranke

dies als mangelnde Belastbarkeit und damit als vorzeitige Kapitulation im Bewerbungsverfahren.

Besser: eine positive Ausstrahlung

Sobald Sie diese resignierte und deprimierte Grundstimmung – wie auf den Fotos 1, 2 und 3 ersichtlich – einnehmen, wird Ihr Gesprächspartner nach weiteren Gesten suchen, die sein bereits negativ gefärbtes Bild von Ihnen zusätzlich verstärken. Dazu zählt auf dem Foto 1 das beidhändige Festhalten am Stuhl und die Beinstellung, auf dem Foto 2 die überkreuzten Beine und die zur Bethaltung zusammengelegten

Hände und auf dem Foto 3 die nach innen gestellten Fußspitzen und der nach vorne geneigte Oberkörper.

Die Haltung des Bewerbers auf dem Foto 4 nennen wir »Efeuranke«. Der Bewerber umklammert die Stuhlbeine und umschlingt mit seinen Armen den eigenen Oberkörper. Für einen Efeu ist es sicherlich sinnvoll, jeden Halt an einer Hauswand zu nutzen, um den einmal eingenommenen Platz nicht wieder aufgeben zu müssen. Im Vorstellungsgespräch ist die abgebildete Körperhaltung jedoch sehr ungünstig.

Der Bewerber nimmt sich selbst die Luft und bringt sich außerdem um die Gelegenheit, die Darstellung seiner Fähigkeiten und Kenntnisse mit einer dynamischen Körpersprache zu unterstützen. Die Augen des Bewerbers auf dem Foto 4 halten zwar Blickkontakt zum Gegenüber, aber in einer Art und Weise, die ungeeignet ist, gemeinsame Ziele herauszuarbeiten. Die Anspannung des Bewerbers geht bereits in die zweite Phase, die Konfrontation, über.

Durch Anspannung entsteht Stress

Die durch Anspannung erzeugte Stresssituation mündet bei unvorbereiteten Bewerberinnen und Bewerbern oft in ein unbewusstes Angriffsverhalten. Dadurch zeigen sich aggressive Tendenzen, die sich durch Stress- und Konfrontationsgesten ausdrücken. Diese müssen Sie vermeiden oder auflösen, um zu einer entspannteren Haltung zurückkehren zu können.

Konfrontation vermeiden

In Stresssituationen, zu denen das Vorstellungsgespräch für die meisten Bewerber gehört, lassen sich zwei wesentliche Verhaltensstrategien beobachten. Die erste nennen wir »einfrieren«, die zweite »angreifen«. Auf den Fotos 1 bis 4 haben Sie einen Bewerber gesehen, der dazu neigt, unter Stress einzufrieren. Er beraubt sich der Gelegenheit, das Gespräch aktiv zu gestalten. Auf den Fotos 5 bis 8 auf der nächsten Seite sehen Sie das Gegenteil. Dieser Bewerber greift unter Stress an und sucht die Konfrontation.

Die »Mit-mir-nicht«-Haltung des Fotos 5, die »Was-geht-mich-das-an«-Haltung des Fotos 6, die »Jetzt-rede-ich«-Haltung des Fotos 7 und die »Passen-Sie-mal-auf«-Haltung des Fotos 8 sprechen für sich.

Vermeiden Sie eine Abwehrhaltung

Verschränkte Arme, wie auf Foto 5, drücken eine Abwehrhaltung aus. Der Bewerber ist nicht bereit, Einwände an sich

5: Mit mir nicht

6: Was geht mich das an?

7: Jetzt rede ich!

8: Passen Sie mal auf!

heranzulassen und Gemeinsamkeiten herauszuarbeiten. Das lässige Zurücklehnen und der spöttische Gesichtsausdruck auf dem Foto 6 machen deutlich, dass der Bewerber seine Gesprächspartner nicht ernst nimmt. Die entgegengesetzte Haltung, das starke Vorbeugen des Oberkörpers in Richtung des Gesprächspartners und die ausgestreckten Finger auf dem Foto 7, zeigt Kampfbereitschaft. Die eigenen Aussagen sollen die Meinung des Personalverantwortlichen entwerten, Kompromissbereitschaft ist nicht zu sehen. Das rechthaberische

Pochen auf die eigene Meinung wird auf dem Foto 8 sichtbar. Dort ist der Bewerber nahe an den Tisch gerückt und macht auch akustisch deutlich, dass er nur seine Ansichten gelten lässt.

Konfrontation macht im Gespräch eine inhaltliche Auseinandersetzung unmöglich. Statt Gemeinsamkeit zu stiften geht es nur noch darum, sich durchzusetzen. Konfrontationsgesten werden von allen Gesprächsbeteiligten intuitiv erfasst. Die Kampfstimmung wird verstärkt, wenn weitere körpersprachliche Details zu erkennen sind.

Aggressive und rechthaberische Gesten sind fehl am Platz

Auf dem Foto 5 sind dies die überkreuzten Arme mit den nach oben gestellten Daumen und der arrogant-abschätzige Blick. Der Gesichtsausdruck und die Beinhaltung auf dem Foto 6 vermitteln, dass dieser Bewerber nicht besonders umgänglich ist – weder im Vorstellungsgespräch noch im beruflichen Alltag. Körpersprachlich eindeutig sind die Fotos 7 und 8. Das aggressive Beugen nach vorne und die angriffslustig auf den Gesprächspartner gerichteten Finger auf dem Foto 7 sowie das rechthaberische Klopfen auf die Tischplatte auf dem Foto 8 sind Signale, die uns allen aus Streitgesprächen vertraut sind. Konfrontation ist aber nicht die Atmosphäre, die in Vorstellungsgesprächen zum Erfolg führt.

Aus unserer Beratungspraxis
Klopfgeister im Vorstellungsgespräch

BERATUNG

In einem unserer Workshops für Hochschulabsolventinnen und Hochschulabsolventen simulierten wir mit einem Teilnehmer ein Bewerbungsgespräch. Der Absolvent war zwar von seiner dynamischen Ausstrahlung überzeugt, hatte jedoch in mündlichen Hochschulprüfungen immer wieder Streit mit den Prüfern bekommen und sich damit um gute Noten gebracht.

In unserem simulierten Gespräch wurde schnell klar, dass er seine Dynamik falsch einsetzte und immer wieder Konfrontationshaltungen aufbaute. So beugte er sich ständig über den Tisch, um seinen Ausführungen Nachdruck zu verleihen, klopfte mit den Fingern auf die Tischplatte, um seine Nervosität abzuleiten, und unterbrach Fragen immer wieder mit Ges-

→ FORTSETZUNG AUF DER NÄCHSTEN SEITE

ten, um in die Antwort einzusteigen, bevor die Frage beendet war.

Eine Video-Analyse machte ihm seine Körpersprache bewusst. Erstaunt stellte er fest, dass seine Eigenwahrnehmung ihm ein ganz anderes Bild vermittelt hatte als das, was er jetzt sah. Ihm war jetzt klar, warum seine Prüfungsgespräche immer als Streitgespräche geendet hatten.

Wir übten mit ihm, immer wieder zur entspannten Grundhaltung zurückzukehren, sich weit genug vom Tisch des Personalverantwortlichen wegzusetzen und lebendige Gestik nur zur Unterstreichung eigener Antworten einzusetzen. Dadurch gewann er eine ausgeglichene und souveräne Ausstrahlung und konnte gleichzeitig seine dynamische Wirkung erhalten.

Fazit: Das Bewerbungsgespräch ist eine besondere Situation, die nicht im Maßstab eins zu eins auf Gespräche aus dem Alltag zu übertragen ist. Unter Stress kann Lebendigkeit sehr schnell in Konfrontation und Angriff umschlagen. Die Folgen hat der Bewerber zu tragen.

Stress- und Verlegenheitsgesten reduzieren

Setzen Sie sich im Vorfeld mit heiklen Punkten auseinander

Stress- und Verlegenheitsgesten lassen sich immer dann beobachten, wenn im Vorstellungsgespräch heikle Punkte angesprochen werden. Hierzu gehören beispielsweise Fragen nach den eigenen Stärken und Schwächen oder nach den beruflichen Zielen in der Zukunft. Stress- und Verlegenheitsgesten kommen außerdem zum Vorschein, wenn der Bewerber mit Fragen konfrontiert wird, die er für sich vor dem Gespräch noch nicht hinreichend geklärt hat. Dies gilt beispielsweise für Fragen nach dem zukünftigen Gehalt oder für Fragen zu einem eventuellen Ortswechsel.

Typische Stress- und Verlegenheitsgesten haben wir auf den Fotos 9, 10, 11 und 12 auf der nächsten Seite für Sie zusammengestellt. Auf dem Foto 9 ist eine »Die-Schlinge-zieht-sich-zu«-Haltung zu beobachten. Der ausweichende Blick zur

9: Die Schlinge zieht sich zu

10: Uups! Ist mir was rausgerutscht?

11: Durchgeknetetes Ohrläppchen

12: Die Luft wird knapp

Seite und das Lockern beziehungsweise Hin- und Herziehen des Krawattenknotens zeigen deutlich, dass sich der Bewerber unwohl fühlt.

Die »Uups!-Ist-mir-was-rausgerutscht?«-Haltung, die wir Ihnen auf dem Foto 10 zeigen, haben Sie sicherlich selbst schon gesehen. Bewerber, die ihre eigenen Informationsgrenzen überschritten haben, beispielsweise bei Fragen zu Schwächen, dem Stellenwert der Arbeit in ihrem Leben oder zu fachlichen Defiziten, wünschen sich im Nachhinein, ihre Lippen wären versiegelt gewesen. Dies wird dann auch körpersprachlich sichtbar. Die Finger gehen zum Mund, um ihn zu verschließen und bestimmte Worte nicht herauszulassen, allerdings zu spät.

Der Versuch, Zeit zu gewinnen

Sehr verbreitet unter den Stress- und Verlegenheitsgesten ist auch die »Durchgeknetetes-Ohrläppchen«-Haltung, die Sie auf dem Foto 11 sehen. Diese Haltung wird oft eingenommen, wenn es darum geht, Zeit zu gewinnen, weil ein Vorschlag des Gesprächspartners im inneren Monolog auf mögliche Vor- und Nachteile hin überprüft wird. In diesem Zusammenhang ist zuweilen auch eine leicht gewölbte Unterlippe zu sehen. Manche Bewerber fahren sich zusätzlich mit der Zunge über die Unterlippe oder berühren leicht mit den Zähnen des Oberkiefers ihre Unterlippe.

Auf dem Foto 12 sehen Sie die Haltung »Die-Luft-wird-knapp«. Der Griff des Bewerbers mit der rechten Hand an seinen Hals und die den Bauch schützende Haltung des linken Armes zeigen, dass dieser Bewerber im Moment keinen Ausweg für sich sieht. Hier ist Vorsicht angebracht! Wenn die Luft des Bewerbers knapp wird, weil er sich derartig in die Enge getrieben fühlt, muss mit Überreaktionen gerechnet werden.

Sie reduzieren Stress- und Verlegenheitsgesten, wenn Sie Ihre Fähigkeiten und Kenntnisse vor dem Vorstellungsgespräch in Form einer schlüssigen Selbstpräsentation aufbereitet haben und wenn Sie sich vorher intensiv mit den Fragen, die im Vorstellungsgespräch an Sie gerichtet werden, auseinandergesetzt haben. In unseren Bewerbungsseminaren erleben wir immer wieder, dass die Hochschulabsolventinnen und -absolventen, die wissen, was sie können, was sie wollen und die ihre beruflichen Vorstellungen den Entscheidern auf der Firmenseite darüber hinaus verständlich vermitteln können, das dazugehörige positive »Selbst«-Bewusstsein auch körpersprachlich ausstrahlen. Und diese positive Wirkung der Körpersprache sollten Sie ebenfalls für Ihre Vorstellungsgespräche nutzen.

Aggressive Dominanzgesten unterlassen

Anspannungs-, Stress- und Verlegenheitsgesten wird man Bewerbern im Vorstellungsgespräch eher nachsehen. Besonders dann, wenn diese körpersprachlichen Signale mehr zu

Anfang des Gesprächs auftauchen und nicht als durchgängiges Verhaltensmuster zu erkennen sind. Personalverantwortliche wissen, dass es für die Bewerber um den wichtigen Schritt von der Hochschule ins Berufsleben geht. Lampenfieber ist daher am Anfang des Bewerbungsgesprächs nichts Ungewöhnliches. Allerdings sollten Sie in der Lage sein, diese Anspannung nach und nach abzubauen.

Versuchen Sie, die Anspannung während des Gesprächs abzubauen

Benutzen Bewerber dagegen aggressive Dominanzgesten, kann die Gesprächsatmosphäre schon durch wenige körper-

13: Dolchstoß

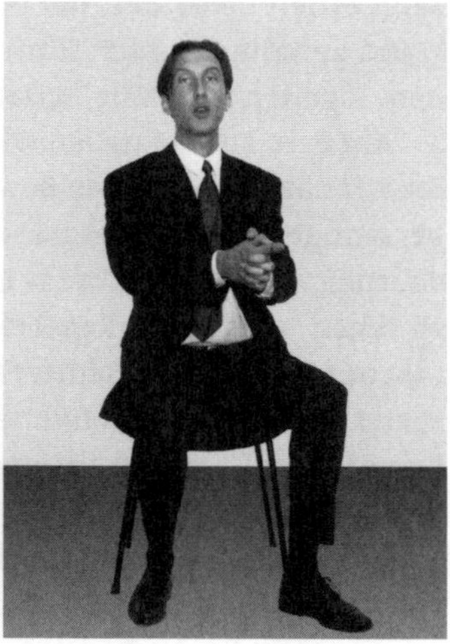

14: Pistole

15: Spanischer Reiter

16: Pavian

sprachliche Signale nachhaltig belastet werden. Aggressiv auftretenden Bewerbern wird von Personalverantwortlichen sehr schnell die Fähigkeit zur Eingliederung ins Unternehmen abgesprochen werden.

Ihr Blick auf die Fotos 13 bis 16 macht Sie mit den körpersprachlichen Zeichen vertraut, die sich immer dann in Gesprächen beobachten lassen, wenn ein schwerwiegender Konflikt zwischen den Gesprächsteilnehmern kurz bevorsteht oder bereits offen zum Ausbruch gekommen ist.

Gesten, die eine aggressive Grundhaltung signalisieren

Die »Dolchstoß«-Haltung, die Sie auf dem Foto 13 sehen, zeigt einen Bewerber, der sein Gegenüber mit dem in der Hand gehaltenen Stift förmlich aufspießt. Der gestreckte Arm, der den Stift hält, schafft zusätzliche Distanz.

Auf dem Foto 14 haben wir für Sie eine Geste abgebildet, die wir häufig in unseren Bewerbungsseminaren und Einzelberatungen beobachtet haben: die »Pistolen«-Haltung. So deutlich wie auf dem Foto 14 ist die »Pistolen«-Haltung selten zu sehen, weil in der Regel ein Tisch den direkten Blickkontakt auf die Hände des unter Druck gesetzten Bewerbers versperrt. Die körpersprachliche Aussage »Ich schieß Dich ab!« bringt jedoch immer eine aggressive Grundstimmung ins Gespräch.

Die »Spanischer-Reiter«-Haltung, die wir für Sie auf dem Foto 15 abgebildet haben, hat nicht umsonst ihren Namen aus der Militärsprache: Die angreifende Kavallerie des Gegners sollte durch zusammengenagelte Holzkreuze zu Fall gebracht werden. Auch als körpersprachliches Signal wird diese Haltung dahingehend interpretiert, dass der Bewerber sich angegriffen fühlt und nun Barrieren aufbaut.

Lassen Sie sich nicht provozieren

Auf dem Foto 16 sehen Sie die »Pavian«-Haltung. Diese Haltung nach der Devise »Ich-bin-der-Chef-auf-dem-Affenfelsen« trübt durch die körpersprachlich vermittelte Überheblichkeit des Bewerbers die Gesprächsatmosphäre nachhaltig. Besonders bei weiblichen Personalverantwortlichen führt sie recht schnell zur Ablehnung des Bewerbers.

Aggressive Dominanzgesten sollten Sie unbedingt unterlassen. Sie fordern sonst Ihre Gesprächspartner heraus, im Gegenzug Sie als Bewerber »auf die Hörner zu nehmen«. Sollten Sie sich in einem Vorstellungsgespräch angegriffen fühlen, heißt es Ruhe bewahren. Oft handelt es sich nur um einen Stresstest, mit dem man feststellen will, wie belastungsfähig Sie sind. Lassen Sie sich nicht durch Provokationen vorschnell aus der Fassung bringen. Die endgültige Entscheidung, ob Sie bei diesem Unternehmen anfangen oder nicht, liegt in jedem Fall bei Ihnen und sollte von Ihnen nicht im Gespräch selbst, sondern wohlüberlegt zu Hause getroffen werden.

Aggression und Stress vermeiden

ÜBUNG

- Lernen Sie, Ihre bevorzugten Stress- und Verlegenheitsgesten zu erkennen und aufzulösen.
- Benutzen Sie eine Videokamera, um sich selbst zu filmen. Setzen Sie sich an einen Tisch, ziehen Sie die Kleidung an, die Sie im Vorstellungsgespräch tragen werden, und lassen Sie sich von einer Ihnen gegenübersitzenden befreundeten Person Fragen aus dem Block Stressfragen stellen.
- Bitten Sie Ihren Fragesteller, einige Fragen mit lauter Stimme zu stellen und Sie bei einigen Fragen mit starrem Blick zu fixieren.
- Achten Sie bei der Videoauswertung darauf, ob Sie Aggressions-, Stress- oder Verlegenheitsgesten gezeigt haben. Führen Sie sich Ihre »Lieblingsgesten« vor Augen und ahmen Sie sie bewusst nach.
- Machen Sie weitere Durchgänge des Probevorstellungsgesprächs und richten Sie Ihre Aufmerksamkeit auf Ihre Aggressions-, Stress- und Verlegenheitsgesten. Wenn Sie merken, dass Sie eine solche Geste verwenden, sollten Sie sie auflösen, indem Sie Ihre Handflächen auf die Oberschenkel legen, so wie Sie es auf den Fotos zu den entspannten Grundhaltungen sehen (Fotos 17, 18, 20).

Eine konzentrierte Grundhaltung einnehmen

Spannungen auflösen

Mit den möglichen Fehlerketten, die Sie durch falsche körpersprachliche Signale auslösen können, haben wir Sie vertraut gemacht. Sie sind darüber hinaus jetzt in der Lage zu erkennen, wie sich Anspannung, Konfrontation, Stress und

Ihre Hände sollten frei bleiben

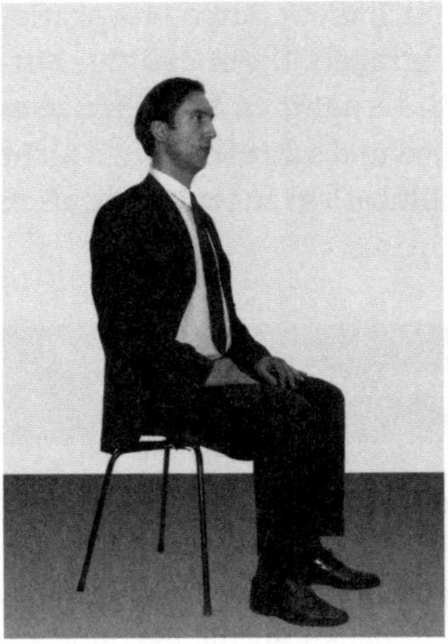

17: Neunzig-Grad-Winkel

18: Offene Grundhaltung

19: Dynamische Grundhaltung

20: Entspannte Grundhaltung

Aggression im Vorstellungsgespräch in der Körpersprache äußern können. Jetzt erfahren Sie, wie Sie körpersprachliche Spannungen im Gespräch vermeiden beziehungsweise auflösen.

Auf den Fotos 17, 18, 19 und 20 sehen Sie einen Bewerber, der verschiedene konzentrierte Grundhaltungen eingenommen hat, wobei er die Hände immer frei behält, um seine verbalen

Ausführungen jederzeit nonverbal unterstreichen zu können. Achten Sie darauf, dass Ihre Hände in Vorstellungsgesprächen ebenfalls frei bleiben. Wer die Hände ineinander verschränkt, sich an Papier festklammert oder nervös mit Stiften, Ohrschmuck oder Ringen herumspielt, bringt erst sich selbst und dann sein Gegenüber aus dem Konzept.

Die Grundhaltung auf dem Foto 17 nennen wir »Neunzig-Grad-Winkel«. Der Bewerber sitzt aufrecht und aufmerksam, die Beine sind leicht geöffnet. Diese Haltung hat den Vorteil, dass sie keine Verspannungen hervorruft und deshalb die Konzentration nicht beeinträchtigt.

Achten Sie darauf, dass Sie sich nicht zwischen Tischkante und Stuhllehne einklemmen. Setzen Sie sich mit genügend Abstand an den Tisch des Personalverantwortlichen. Wenn Sie eine Unterarmlänge Abstand halten, können Sie Ihre Sitzposition variieren, ohne gleich mit den Knien an die Tischplatte zu stoßen. Außerdem bewahrt Sie dies auch davor, sich auf dem Schreibtisch abzustützen oder Ihre Hände darauf zu legen. Damit würden Sie eine Revierverletzung begehen: Der Schreibtisch des Personalverantwortlichen gehört zu seiner Machtsphäre. Dringen Sie nicht unbefugt ein. Wenn Sie Unterlagen ablegen möchten, sollten Sie vorher um Erlaubnis fragen.

Auf dem Foto 18 sehen Sie die »offene Grundhaltung«. Auch hier ist der Bewerber in der Lage, dem Geschehen im Vorstellungsgespräch optimal zu folgen. Der offene Blick, die Möglichkeit, Spiel- und Standbein gelegentlich zu wechseln und die locker auf den Oberschenkel aufgelegten Hände lassen ihn wachsam und interessiert erscheinen.

Alle Gesprächspartner im Blick behalten

In Vorstellungsgesprächen treffen Sie meistens auf mehrere Personen: Personalverantwortliche, Fachvorgesetzte, Gruppenleiter, Betriebsratsmitglieder oder Geschäftsführer werden sich einen Eindruck von Ihnen machen wollen. Um diesen Eindruck positiv zu beeinflussen, sollten Sie darauf achten, dass Sie Ihre Sitzhaltung so ausrichten, dass Sie alle Personen in Ihrem Blickfeld haben. Vermeiden Sie es, sich nur auf eine Person auszurichten. Schauen Sie beim Antworten abwechselnd alle Anwesenden an.

Wechselt der Bewerber von der Rolle des Zuhörers in die des Sprechers, geht die »offene Grundhaltung« häufig in die »dynamische Grundhaltung« über, die Sie auf dem Foto 19 sehen. Der Bewerber ist mit seinem Oberkörper ganz leicht nach vorne gerückt und unterstreicht seine Worte mit Bewegungen der Hände.

Trainieren Sie konzentrierte Grundhaltungen

Die »entspannte Grundhaltung«, zu sehen auf dem Foto 20, zeigt einen zuhörenden Bewerber, der sich seiner Stärken bewusst ist. Die leicht übereinandergelegten Beine behindern ihn nicht. Trainieren Sie deshalb intensiv, immer wieder eine konzentrierte Grundhaltung einzunehmen. Insbesondere dann, wenn Sie an sich körpersprachliche Verspannungen wahrnehmen, die Ihre Gesprächspartner irritieren könnten.

ÜBUNG

Die konzentrierte Grundhaltung

Diese Übung soll Ihnen helfen, in Vorstellungsgesprächen immer wieder zu einer der vier konzentrierten Grundhaltungen zurückkehren zu können. Folgendes müssen Sie üben und trainieren.

Setzen Sie sich auf einen Stuhl an einen Tisch und nehmen Sie die Neunzig-Grad-Winkel-Haltung ein (Foto 17). Bleiben Sie einen Moment in dieser Haltung und verändern Sie dann Ihre Sitzposition so, dass Sie Ihre bevorzugte konzentrierte Grundhaltung finden. Das kann die offene Grundhaltung (Foto 18) sein, aber auch die dynamische Grundhaltung mit etwas vorgebeugtem Oberkörper (Foto 19). Vielleicht entscheiden Sie sich aber auch für die entspannte Grundhaltung (Foto 20). Bei dieser Grundhaltung müssen Sie trainieren, das übergeschlagene Bein von Zeit zu Zeit zu wechseln und ab und zu beide Füße auf den Boden zu setzen. Sonst schlafen Ihre Beine ein.

Wenn Sie Ihre Lieblingsposition gefunden haben, sollten Sie üben, aus verspannten Haltungen immer wieder dahin zurückzukehren. Dazu nehmen Sie die folgenden Verspannungshaltungen ein und lösen diese anschließend auf:

- → Auf der Flucht (Foto 1)
- → Im Boden versinken (Foto 2)
- → Ich will nach Hause (Foto 3)
- → Efeuranke (Foto 4)
- → Breitbeinig hinsetzen
- → Vom Stuhl rutschen, das heißt der Hintern rutscht auf der Stuhlfläche nach vorne.

Sie sind auf Vorstellungsgespräche optimal vorbereitet, wenn Sie zuerst ausarbeiten, was Sie Ihrem potenziellen Arbeitgeber inhaltlich vermitteln möchten. Anschließend trainieren Sie, diese Ausführungen – unterstützt durch eine angemessene Körpersprache – glaubwürdig zu vermitteln. Lassen Sie sich zur Vorbereitung die Fragen aus den Kapiteln »100 Fragen und Antworten aus Vorstellungsgesprächen« und »Mit diesen Fragen müssen Sie rechnen« von einem Freund oder Bekannten stellen, und nehmen Sie sich dabei mit einer Videokamera auf. Nach zwei bis drei Durchgängen werden Sie feststellen, dass Sie mit unseren Tipps, Tricks und Techniken die Situation Vorstellungsgespräch inhaltlich und körpersprachlich in den Griff bekommen werden.

Nehmen Sie sich mit der Videokamera auf

Eine weitere Möglichkeit, die Bedeutung einer angemessenen und überzeugenden Körpersprache praxisnah zu erleben, bietet Ihnen unser kostenloses 15-teiliges Videotraining »Das Vorstellungsgespräch«, das wir zusammen mit unserem Medienpartner *Focus Online* konzipiert und produziert haben. Sie finden das Videotraining auf unserer Homepage www.karriereakademie.de.

Auf einen Blick
Überzeugen Sie mit souveräner Körpersprache

AUF EINEN BLICK

→ Die Wirkung Ihrer Worte wird von Ihrer Körpersprache beeinflusst. Körpersprache kann in Vorstellungsgesprächen Ihre Glaubwürdigkeit beeinträchtigen und zu einer angespannten Atmosphäre führen oder dazu beitragen, Übereinstimmung herbeizuführen.

→ Anspannung ist Stress. Stress kann dazu führen, dass Sie einen Blackout bekommen. Anspannung verunsichert erst Sie selbst und dann Ihr Gegenüber.

→ Konfrontations- und Dominanzgesten werden von Ihren Gesprächspartnern als Kampfsignale verstanden. Die Gesprächsinhalte treten in den Hintergrund, es geht nicht mehr um Ihre Fähigkeiten und Kenntnisse, sondern nur noch darum, wer sich durchsetzt.

→ FORTSETZUNG AUF DER NÄCHSTEN SEITE

→ Stress- und Verlegenheitsgesten signalisieren Ihren Gesprächspartnern, dass Sie sich Ihrer Sache selbst nicht sicher sind. Erkennt man wunde Punkte bei Ihnen, werden Personalverantwortliche die Gelegenheit nutzen, Sie unter Druck zu setzen.

→ Trainieren Sie, in Gesprächen eine konzentrierte Grundhaltung einzunehmen. Behindern Sie sich nicht selbst: Achten Sie darauf, dass Ihre Hände frei bleiben, dass Sie aufrecht sitzen und dass Ihre Beine im rechten Winkel auf dem Boden stehen.

→ Setzen Sie sich im Vorstellungsgespräch nicht zu dicht an den Tisch des Personalverantwortlichen und legen Sie nichts darauf ab (Revierverletzung). Halten Sie etwa eine Unterarmlänge Abstand.

→ Vermeiden Sie bei mehreren Gesprächspartnern, sich nur auf eine Person auszurichten. Schauen Sie beim Antworten abwechselnd alle Anwesenden an.

Mehr auf der CD in »Ihre Bewerbung«, Kapitel 12

14. Wie geht es nach dem Gespräch weiter?

Bleiben Sie auch nach dem Vorstellungsgespräch aktiv. Bringen Sie sich telefonisch oder per E-Mail in Erinnerung, wenn die Entscheidungsphase zu lange dauert. Erkundigen Sie sich nach dem Fortgang des Auswahlverfahrens, um weiterhin gut vorbereitet aufzutreten. Und erarbeiten Sie sich eine überzeugende Strategie für weitere Gespräche mit der gleichen Firma.

Die nächsten Schritte im Bewerbungsverfahren

In diesem Kapitel erläutern wir Ihnen, wie es nach Ihrem Vorstellungsgespräch für Sie weitergeht. Sie erfahren, wie Sie Vorstellungsgespräche auswerten, wann Sie nach Vorstellungsgesprächen telefonisch oder per E-Mail diplomatisch nachfassen dürfen, mit welchen Auswahlverfahren Sie nach erfolgreich verlaufenen Vorstellungsgesprächen rechnen müssen und welche Überlegungen für Ihre weitere Bewerbungsstrategie wichtig sind.

Vorstellungsgespräche auswerten

Im Vorstellungsgespräch sollten Sie immer ein Ziel vor Augen haben: Dass man Ihnen einen Arbeitsvertrag anbietet. Auch wenn Sie bereits im Gespräch zu der Überzeugung kommen, dass Sie sich den Berufseinstieg bei diesem Unternehmen schwer vorstellen können, sollten Sie bis zum Schluss Ihr Bestes geben.

Ihre Auswertung des Vorstellungsgesprächs und Ihre Entscheidung für oder gegen einen Einstieg in dieses Unternehmen sollte unabhängig davon stattfinden, ob das Unternehmen an Ihnen interessiert ist. Spielen Sie das Vorstellungsgespräch noch einmal in Gedanken durch und überlegen Sie dabei, an welchen Stellen Sie mit den Antworten der Unternehmensvertreter weniger und an welchen Sie mehr zufrieden waren. Empfanden Sie die Gesprächsatmosphäre als angenehm? Haben Sie eine klare Vorstellung über Ihren zukünftigen Arbeitsalltag gewonnen? Können Sie sich vorstellen, mit Ihren zukünftigen Vorgesetzten auszukommen?

Entscheiden Sie, ob Sie wirklich bei diesem Unternehmen arbeiten wollen

Wägen Sie ab, welchen Stellenwert für Sie die Tätigkeiten im Tagesgeschäft, die Entwicklungsmöglichkeiten, die Ausstattung des Arbeitsplatzes, der Kontakt zu Vorgesetzten und Kollegen und das allgemeine Arbeitsklima im Unternehmen haben.

Setzen Sie sich nicht unter einen zu hohen Entscheidungsdruck. Niemand erwartet von Ihnen, dass Sie sofort nach dem Bewerbungsgespräch einen Arbeitsvertrag unterschreiben. Nutzen Sie die Zeit zwischen der Einigung mit dem Unternehmen bis zur Ausfertigung des Arbeitsvertrags, um in Ruhe für sich zu klären, ob Sie wirklich bei diesem Unternehmen anfangen wollen.

Der Druck, möglichst schnell einen Arbeitsvertrag zu unterschreiben, nimmt bei Hochschulabsolventen umso mehr zu, je länger der Zeitpunkt des Studienabschlusses zurückliegt. Wer bereits einige Monate nach dem Verlassen der Hochschule ohne Bewerbungserfolg ist, wird seine Situation sicherlich anders einschätzen als derjenige, der sich aus dem Studium heraus bewirbt.

Sind Probleme absehbar?

Vermeiden Sie es trotzdem, ein Arbeitsverhältnis aufzunehmen, bei dem schon im Vorfeld klar wird, dass Probleme zu erwarten sind. Beispielsweise weil das Unternehmen für seine hohe Mitarbeiterfluktuation bekannt ist, weil das Unternehmen sich in einem schwierigen Markt bewegt, oder weil Ihre Aufgaben in der Einstiegsposition unklar definiert sind. Ist Ihre zukünftige Stelle zudem neu geschaffen worden, sind Probleme vorprogrammiert. Jeder Mitarbeiter in der Abteilung wird erwarten, dass sämtliche Projekte, die aus Personalknappheit verzögert und verschoben worden sind, nun von Ihnen bewältigt werden.

ÜBUNG

Ihre Entscheidung

Bevor Sie einen Arbeitsvertrag unterschreiben, sollten Sie in Ruhe abwägen, was Ihnen beim Besuch des Unternehmens anlässlich des Vorstellungsgesprächs gefallen und was Ihnen

Mehr auf der CD in »Ihre Bewerbung«, Kapitel 16

nicht so sehr gefallen hat. Überlegen Sie sich, ob Sie mit den Dingen, die Ihnen nicht so sehr gefallen haben, leben können. Werfen Sie einen Blick in die Zukunft und prüfen Sie, ob Sie Ihre Vorstellungen verwirklichen können.

- → Ist Ihnen Ihr zukünftiger Arbeitsalltag klar geworden?
- → Wo werden Sie arbeiten (Großraumbüro)?
- → Sind für Sie ausreichende Entwicklungsmöglichkeiten im Unternehmen deutlich geworden?
- → Wie schnell und wie umfassend können Sie Verantwortung übernehmen?
- → Können Sie gleich in Ihre Wunschaufgaben einsteigen oder müssen Sie sich erst »hochdienen«?
- → Werden Sie eher mit jüngeren Kollegen zusammenarbeiten oder hauptsächlich auf ältere Kollegen treffen?
- → Sind Ihnen Ihre zukünftigen Vorgesetzten sympathisch?
- → Werden Sie langsam an Ihre Aufgaben herangeführt oder ins kalte Wasser geworfen?
- → Gibt es ein spezielles Einarbeitungsprogramm?
- → Werden Sie einen Mentor zur Seite gestellt bekommen? Ist er Ihnen sympathisch?
- → Ist Ihnen das Betriebsklima zu hektisch?
- → Wirkt die propagierte Unternehmenskultur auf Sie glaubwürdig?
- → Herrscht das Prinzip der offenen Tür vor?
- → Welches Image hat das Unternehmen?
- → Wie hoch ist der Freizeitwert des Unternehmensstandortes?
- → Gefällt Ihnen die Unternehmensarchitektur?
- → Wo liegt das Unternehmen (zentral oder am Stadtrand)?
- → Gibt es eine Parkplatzsymbolik (Chefautos nahe am Eingang, die anderen entsprechend der Firmenhierarchie weiter hinten)?
- → Welche Arbeitskleidung herrscht vor?
- → Sind die Unternehmensangehörigen stolz auf ihre Produkte/Dienstleistungen?
- → Wurde im Gespräch eher Tradition oder Innovation betont?
- → War das Empfangsritual angenehm?

→ FORTSETZUNG AUF DER NÄCHSTEN SEITE

- → Ist Ihr Arbeitsvertrag befristet?
- → Akzeptieren Sie eine leistungsorientierte Bezahlung (Erfolgsprovisionen)?

Eine tragfähige Bindung

Überprüfen Sie, ob Sie wirklich den Einstieg in genau dieses Unternehmen wollen. Sie müssen sich im Klaren sein, dass Sie eigentlich frühestens nach zwei oder drei Jahren wieder wechseln können. Es gilt also, eine Bindung für einen neuen Lebensabschnitt zu bewerten. Die oben zusammengestellten Fragen unserer Übung werden Ihnen bei Ihrer Entscheidungsfindung für oder gegen ein Unternehmen hilfreich sein. Nehmen Sie sich deshalb Zeit für diese Übung.

Telefonisch und per E-Mail nachfassen

Den richtigen Zeitpunkt abwarten

Eine Frage, die oft gestellt wird, dürfte auch Sie beschäftigen: »Wann darf ich – nach einem Vorstellungsgespräch – bei dem Unternehmen anrufen und fragen, ob ich einen Arbeitsvertrag angeboten bekomme?« Prinzipiell gilt, dass es bei großen Unternehmen länger dauert, bis alle an der Entscheidung Beteiligten sich eine Meinung über die Bewerber gebildet haben. Dementsprechend kann es bis zur endgültigen Entscheidung manchmal vier bis sechs Wochen dauern. Mittlere und kleine Unternehmen sind dagegen in der Lage, schneller zu entscheiden. Eine Absage oder ein Angebot erhalten Sie dort häufig bereits ein bis zwei Wochen nach dem Vorstellungsgespräch.

Zwei Wochen nach dem Gespräch dürfen Sie auf jeden Fall bei der Personalabteilung anrufen und um Informationen über den aktuellen Stand bitten. Ganz wichtig bei Ihrer Nachfassaktion ist, dass Sie eine freundliche und nette Telefonstimme einsetzen. Das Bewerbungsverfahren läuft schließlich noch, und Sie telefonieren mit einem Beteiligten aus der Personalabteilung.

Stellen Sie nur formale Fragen

Auf inhaltliche Rückfragen, beispielsweise »Glauben Sie, dass ich noch Chancen habe, die Stelle zu bekommen?« oder »Welchen Eindruck haben Sie von mir im Vorstellungsgespräch gewonnen?«, sollten Sie verzichten. Beschränken Sie sich auf rein formale Fragen zum weiteren Zeitablauf. Beispielsweise:

»Gibt es einen Zeitrahmen, in dem die Entscheidung über die Besetzung der Stelle fällt?« oder: »Bis wann kann ich mit einer Nachricht von Ihnen rechnen?«

Wenn Sie zu den Absolventen eines Fachbereichs gehören, deren Qualifikationsprofil gerade stark gefragt ist, können Sie auch etwas Schwung in die Entscheidungsfindung aufseiten Ihres Wunscharbeitgebers bringen. Weisen Sie darauf hin, dass Sie sehr daran interessiert sind, bei gerade diesem Unternehmen anzufangen, dass aber bereits ein Angebot von einem anderen Unternehmen vorliegt, sodass Sie sich momentan in einer Zwickmühle befinden. Wenn die Firma großes Interesse an Ihnen hat, wird man Ihnen schneller als üblich einen Arbeitsvertrag anbieten.

Ist ein Vorstellungsgespräch aus Ihrer Sicht erfolgreich verlaufen, können Sie ein bis zwei Tage später eine kurze E-Mail an die Firma schicken. Dieser Trend zur Feedback-Mail kommt – wie so häufig – aus den USA und hat sich in den letzten Jahren auch hierzulande immer mehr verbreitet.

Zunächst bedanken Sie sich in Ihrer E-Mail für das informative Gespräch. Idealerweise greifen Sie dann ein oder zwei wesentliche Anforderungen aus dem Vorstellungsgespräch auf und betonen noch einmal in der E-Mail, dass Sie über diese gewünschten Kompetenzen verfügen und sie gerne für die Firma in der Einstiegsposition einsetzen würden. Versenden Sie die E-Mail per CC-Funktion dann möglichst an alle Gesprächsbeteiligten.

Sie könnten Ihre Feedback-Mail beispielsweise so formulieren: »Sehr geehrte Frau Kruse, sehr geehrter Herr Ross, sehr geehrter Herr Ude, zunächst möchte ich mich für das informative und angenehme Vorstellungsgespräch, das wir Mitte dieser Woche miteinander geführt haben, bedanken. Das Gespräch hat mich in meiner Absicht bestärkt, meine Kenntnisse und mein volles Engagement in die Position »Multichannel-Sales« bei Ihnen einzubringen. Ich habe die Anforderungen der Stelle noch einmal gründlich auf mich wirken lassen und bin sicher, dass meine Erfahrungen aus dem Multichannel-Vertrieb von Markenprodukten für Sie von Nutzen sein werden. Daher würde ich mich auf die Einladung zu einem – wie von Ihnen angekündigten – zweiten Gespräch mit dem Geschäftsführer Herrn Schmidt sehr freuen. Mit freundlichen Grüßen Sven Nordmann.«

Was passiert im zweiten Vorstellungsgespräch?

Mit einem Vorstellungsgespräch allein ist es meistens nicht getan. Wir haben es schon bei Seminarteilnehmern erlebt, dass sie zu bis zu fünf Gesprächen bei einer Firma eingeladen worden sind. Üblicherweise werden aber zwei bis drei Termine für eine endgültige Einstellungsentscheidung der Firma ausreichen.

Beim ersten Gespräch wird vorrangig die Entscheidung getroffen, ob der Bewerber grundsätzlich als für die Stelle geeignet erscheint und ob er in die Firma beziehungsweise ins Team passt. Die Gehaltsvorstellungen von Bewerber und Firma werden oft nur im Groben geklärt. Einzelheiten, die den späteren Arbeitsvertrag betreffen, werden meistens ausgeklammert.

Kommt es dann zu einem zweiten Vorstellungsgespräch, sollten Absolventinnen und Absolventen nicht in den Irrglauben verfallen, dass diese zweite Runde ein Selbstläufer ist. Bewerber stellen sich oft selbst ein Bein, indem sie glauben, alles Notwendige sei bereits gesagt worden. Diese Einstellung ist aber vor allem dann fatal, wenn im zweiten Vorstellungsgespräch neue Personen auftauchen – das kann der direkte Fachvorgesetzte sein, die Teamleiterin, der Bereichsleiter oder auch der Geschäftsführer, der sich die letztendliche Entscheidung vorbehalten möchte.

Auch in der zweiten Runde aktiv

Jeder am Entscheidungsprozess Beteiligte muss neu überzeugt werden. Es kommt daher darauf an, insbesondere Ihre Einstellungsargumente ein weiteres Mal zu präsentieren. Manche Bewerber treten in der zweiten Runde viel zu passiv auf, wenn es um ihr Profil geht, entwickeln aber zu viel Energie, wenn es um die Klärung von Gehalts- und Urlaubsfragen geht.

Bedenken Sie also: Sie müssen auch im zweiten Gespräch Ihre Einsatzmöglichkeiten und Ihren konkreten Nutzen für die Firma herausstreichen. Sprechen Sie vor allem die neu hinzugekommenen Firmenvertreter an – der Gesprächspartner aus dem ersten Gespräch wird sich nicht zum Anwalt Ihrer Sache machen.

Ein Informationsstand für alle

Lassen Sie deshalb die Argumente, die für Ihre Einstellung sprechen, nicht unter den Tisch fallen, nur weil Sie sie beispielsweise im ersten Gespräch gegenüber dem Personalverantwortlichen bereits genannt haben. Bedenken Sie, dass Sie alle Entscheider auf den gleichen Informationsstand bringen müssen.

Natürlich spielen auch Gehaltsfragen, Urlaubsregelungen, Arbeitszeiten, Provisionen oder Dienstwagennutzung im zweiten Vorstellungsgespräch eine Rolle. Klären Sie diese Punkte aber lieber im letzten Drittel des Gesprächs und nicht direkt am Anfang.

Fassen Sie das zweite Vorstellungsgespräch als Überprüfung der Ergebnisse aus der ersten Runde auf. Die Firmenvertreter werden daran interessiert sein, ob Sie auch im zweiten Gespräch bei Ihrer Linie bleiben. Deshalb wird man auch die Aufzeichnungen des ersten Vorstellungsgesprächs heranziehen und Ihnen Kontrollfragen stellen: Man will wissen, ob das gute Abschneiden im ersten Gespräch nur ein Zufall war oder ob Sie tatsächlich gut sind.

Aber auch Sie können sich im zweiten Vorstellungsgespräch auf das erste beziehen. Machen Sie deutlich, dass Sie sich im Anschluss an das erste Kennenlernen eigene Gedanken gemacht haben, und betonen Sie, welche Aspekte Sie besonders interessiert haben. Stellen Sie heraus, dass Sie eine ganz bewusste Entscheidung treffen und gerne bei der Firma einsteigen möchten. Die folgenden Formulierungen helfen Ihnen dabei, Punkte aus dem ersten Gespräch aufzugreifen.

- → **»Nach dem letzten Gespräch habe ich mich in meinem Wunsch, für Sie tätig zu werden, sehr bestätigt gefühlt. Ich habe den Eindruck gewonnen, dass man bei Ihnen nicht nur von Teamarbeit spricht, sondern den Teamgedanken wirklich lebt.«**
- → **»Die Möglichkeit, mich in Ihrer Firma weiterzuentwickeln, hat mich ganz besonders angesprochen. Damit meine ich nicht nur Fachseminare, sondern insbesondere auch die Chance, von erfahrenen Kollegen viel zu lernen.«**
- → **»Die von Ihnen vorgesehene Mitarbeit an Sonderaufgaben interessiert mich sehr, da dabei abteilungsübergreifend gearbeitet wird. Auch ich sehe mich nicht nur als Fachspezialist, sondern als jemand, der für berufliche Aufgaben fachübergreifende Lösungen findet.«**
- → **»Sehr gefreut habe ich mich über Ihr Interesse an meinen Programmierkenntnissen ..., Englischkenntnissen ..., Spanischkenntnissen ... .«**
- → **»Ich habe den Eindruck gewonnen, dass gerade meine speziellen Kenntnisse in den Bereichen ... und ... für Sie nützlich sein werden.«**

Bringen Sie Emotionen ins Spiel

Geben Sie sich also nach einem gut verlaufenen ersten Vorstellungsgespräch nicht vorschnell dem Siegestaumel hin. Setzen Sie Ihren souveränen Auftritt auch im zweiten Vorstellungsgespräch fort. Zu diesem Zeitpunkt können Sie auch ruhig gezielt Emotionen ansprechen. Betonen Sie beispielsweise, dass Ihnen das Klima in der Firma sehr gefällt, dass die Arbeitsplätze sehr modern sind oder dass Sie an der Marktführerschaft der Firma engagiert mitarbeiten möchten. Damit runden Sie Ihr berufliches Profil optimal ab.

Besonders kommunikationsstarke Bewerberinnen und Bewerber beziehen sich im zweiten Gespräch auch direkt auf Erwartungen, Wünsche oder Vorlieben, die einzelne Firmenvertreter im ersten Gespräch direkt geäußert haben. Gehen Sie deshalb noch einmal in Gedanken die Wortäußerungen Ihrer Gesprächspartner durch und überlegen Sie sich, welche Punkte ihnen besonders wichtig waren. Mit unseren Beispielformulierungen können auch Sie beim zweiten Treffen gezielt auf die Wünsche der Firmenvertreter eingehen.

→ **»Wie mir Herr Müller im ersten Gespräch erklärte, legen Sie besonderen Wert darauf, dass die Abstimmung zwischen den Abteilungen gut funktioniert. Hier kann ich auf mein Praktikum bei der Schlenz GmbH verweisen, auch dort habe ich Sonderaktionen für den Handel mitorganisiert und diese mit dem Key-Account, dem Vertriebsaußendienst und den Logistikern aus dem Warenausgang im Detail abgesprochen.«**

→ **»Frau Meyer, Sie hatten ja bei unserem ersten Treffen betont, dass Sie einen Controlling-Mitarbeiter suchen, der Sie dabei unterstützen soll, ein neues Controllingsystem aufzusetzen. Hier kann ich auf meine Mitarbeit bei der Energie AG verweisen, dort habe ich beim Aufbau eines EDV-gestützten Controllingsystems mitgeholfen, mit dem Daten tagesaktuell erfasst, analysiert und präsentiert werden konnten.«**

→ **»Ich möchte in diesem Gespräch noch einmal darauf hinweisen, dass ich studienbegleitend zu meinem Sozialpädagogikstudium in der ambulanten Erziehungshilfe mitgearbeitet habe. Herr Hübner erklärte mir letztes Mal, dass er sich wünscht, dass die Betreuungsteams für die Familien administrativ entlastet werden. Diese**

Entlastung in Form der Dokumentation von Beratungen ist mir aus der ambulanten Erziehungshilfe bereits gut vertraut. Hier könnte ich Sie also sofort unterstützen.«

Assessment-Center

Interesse an Teamarbeit und Kundenkontakt?

Ein Teil der Absolventen bekommt nach einem erfolgreich abgelaufenen Vorstellungsgespräch die Einladung zu einem Assessment-Center. Dies gilt besonders für Absolventen, die sich für Trainee-Programme interessieren, aber auch für die, deren zukünftiges Tätigkeitsfeld durch Teamarbeit und Kundenkontakt gekennzeichnet ist. Hierzu gehören unter anderem Tätigkeiten in Unternehmensberatungen, im Vertrieb, im Personalbereich und im Bereich der Finanzdienstleistungen. Auch wenn Sie eine Führungsposition anstreben, steigt die Wahrscheinlichkeit, an einem Assessment-Center teilnehmen zu müssen.

Die direkte Vergleichbarkeit im Gruppenauswahlverfahren

Assessment-Center sind Gruppenauswahlverfahren. Eine Gruppe von Bewerbern durchläuft verschiedene Übungen unter den Augen der zukünftigen Fachvorgesetzten. Dies hat für die Unternehmen den Vorteil, dass die Bewerber direkt miteinander verglichen werden können. Um sich auch für diesen dritten Teil des Auswahlverfahrens Startvorteile aufzubauen, sollten Sie sich auf Assessment-Center vorbereiten. Setzen Sie sich dazu mit den typischen Übungen und Übungsinhalten von Assessment-Centern auseinander. Hierbei helfen Ihnen unser Praxisratgeber *Assessment-Center-Training für Hochschulabsolventen* und unser *Training Assessment-Center*. Lassen Sie sich mithilfe von zahlreichen Originalaufgaben aus Assessment-Centern, Praxisbeispielen und -tipps sicher und professionell trainieren.

Taktisch weiter bewerben

Da die Einstiegspositionen für Hochschulabsolventinnen und -absolventen hohe Ansprüche an die fachlichen und persönlichen Fähigkeiten stellen, sind die zur Überprüfung eingesetzten Auswahlverfahren sehr zeitaufwändig. Die Bewerber empfinden es oftmals als ausgesprochen nervenzehrend, dass sich die Zeit bis zum endgültigen Abschluss des Bewerbungsverfahrens so sehr in die Länge zieht.

Sie müssen sich darauf einstellen, dass vom Versenden der Bewerbungsmappe bis zur Unterzeichnung eines Arbeitsvertrages drei bis sechs Monate vergehen können. Je größer die Unternehmen sind und je mehr Personen an der endgültigen Einstellungsentscheidung mitreden, desto länger dauert es, bis Sie wissen, woran Sie mit Ihren Bewerbungsbemühungen sind.

Bewerben Sie sich so lange weiter, bis ein Arbeitsvertrag vorliegt

Für die eigene Bewerbungsstrategie bedeutet dies, dass Sie sich so lange bei interessanten Arbeitgebern weiter bewerben, bis ein Arbeitsvertrag vorliegt, der nicht nur von Ihnen, sondern auch von der Unternehmensseite unterschrieben worden ist. Erst wenn dies der Fall ist, sollten Sie Ihre aktive Bewerbungsphase abschließen.

AUF EINEN BLICK

Auf einen Blick
Wie geht es nach dem Gespräch weiter?

→ Verfolgen Sie im Vorstellungsgespräch immer das Ziel, einen Arbeitsvertrag angeboten zu bekommen.

→ Ihre Entscheidung für oder gegen die Stelle sollten Sie erst nach einer gründlichen Auswertung des Gesprächs treffen.

→ Die optimale Stelle, in der Sie alle Wunschvorstellungen gleichermaßen durchsetzen können, gibt es selten. Finden Sie einen realistischen Kompromiss. Wägen Sie ab, was Ihnen am wichtigsten ist: die Aufgaben, die Entwicklungsmöglichkeiten, die Arbeitszufriedenheit, der Umgang mit Kollegen und Vorgesetzten oder das Gehalt.

→ Etwa zwei Wochen nach dem Vorstellungsgespräch dürfen Sie telefonisch nachfassen.

→ Stellen Sie nur formale Fragen, beispielsweise »Bis wann kann ich etwa mit einer Nachricht von Ihnen rechnen?«.

→ In den letzten Jahren hat sich der Trend zur Feedback-E-Mail durchgesetzt. Auch Sie sollten nach einem erfolgreich verlaufenen Vorstellungsgespräch den Gesprächsteilnehmern per E-Mail für das informative Gespräch danken und auf ein bis zwei zentrale Anforderungen hinweisen, die für die Stelle wichtig sind und die Sie erfüllen.

- → Entwickeln Sie auch für das zweite Vorstellungsgespräch eine passende Strategie. An welche Inhalte aus dem ersten Treffen können Sie anknüpfen? Welche speziellen Wünsche haben einzelne Firmenvertreter Ihnen gegenüber geäußert?

- → Je größer Unternehmen sind, desto länger dauert es, bis Sie wissen, ob Sie eine Absage oder Zusage bekommen.

- → Beenden Sie Ihre aktive Bewerbungsphase erst, wenn Sie einen von der Unternehmensseite unterschriebenen Arbeitsvertrag vorliegen haben.

Mehr auf der CD in »Ihre Bewerbung«, Kapitel 16

15. Why should we give you the job?

Immer häufiger erreichen uns in unserer Beratungspraxis Anfragen von Kunden, die sich auf Job-Interviews in englischer Sprache vorbereiten wollen. Wenn Sie damit rechnen, dass Ihr Vorstellungsgespräch teilweise oder sogar ganz auf Englisch ablaufen wird, hilft Ihnen dieses Kapitel.

Englische Job-Interviews in Deutschland

Immer mehr unserer Kunden bewerben sich bei deutschen Tochterunternehmen US-amerikanischer Konzerne, bei asiatischen Firmen in Europa oder sie streben eine Position im Ausland an. Außerdem gibt es auch in Deutschland zahlreiche Unternehmen, die sich für Englisch als Geschäftssprache entschieden haben und deshalb bei ihrer Bewerberauswahl englische Job-Interviews einsetzen.

Job-Interviews auf Englisch haben in den letzten Jahren stark zugenommen. Der Einsatz der englischen Sprache bei der Personalauswahl hat in dem Maße zugenommen, in dem die Personalgewinnung internationaler geworden ist.

Europaweit tätige Personalberatungen führen daher Auswahlgespräche mit deutschen Kandidaten auf Englisch. Auch international tätige deutsche Unternehmen wollen sicherstellen, dass zukünftige Mitarbeiter sich auf Englisch verständigen können. Tochterunternehmen amerikanischer Konzerne, die in Deutschland angesiedelt sind, benutzen zwar im Arbeitsalltag häufig die deutsche Sprache – bei direkten Kontakten zum US-Headquarter oder bei internationalen Meetings ist dann aber ebenfalls Englisch gefragt. Da also Englisch im Arbeitsalltag eine immer größere Rolle spielt, werden mittlerweile englische Job-Interviews in Deutschland viel häufiger als früher eingesetzt.

Die wichtigsten Fragentypen im Überblick

Eine gut ausgearbeitete Selbstpräsentation auf Englisch ist auch hier ein hervorragender Sicherungsanker. Darüber hinaus sollten Sie sich schon vorab intensiv damit beschäftigen, welche Fragen auf Sie zukommen können und wie Sie sie souverän beantworten. Die folgende Übersicht zeigt Ihnen die verschiedenen Themenbereiche, die in englischen Job-Interviews angesprochen werden.

Fragen zur beruflichen Qualifikation

- → Why should we give you the job? (Warum sollten wir gerade Sie einstellen?)
- → What can you do for us? (Was können Sie für uns leisten?)
- → Are you customer-oriented? (Verfügen Sie über Kundenorientierung?)
- → How good are your PC skills? (Wie gut sind Ihre PC-Kenntnisse?)

Fragen zum Unternehmen

- → What do you know about our company? (Was wissen Sie über unsere Firma?)

Fragen zur persönlichen Qualifikation

- → How do you cope with change? (Wie gehen Sie mit Veränderungen um?)
- → How do you motivate yourself for work duties? (Wie motivieren Sie sich für berufliche Aufgaben?)
- → Do you have a realistic self-image? (Ist Ihr Selbstbild realistisch?)
- → How do you deal with conflict? (Kennen Sie Ihr Konfliktverhalten?)

→ FORTSETZUNG AUF DER NÄCHSTEN SEITE

Fragen zur Führungserfahrung

→ What kind of people manager are you? (Wie führen Sie Ihre Mitarbeiter?)

Wir stellen Ihnen zu jedem Themenbereich zwei englische Fragen vor. Bitte beantworten Sie zunächst die Fragen, bevor Sie einen Blick auf unsere Beispielantworten werfen. Gleichen Sie Ihre Antworten ab. Modifizieren Sie bei Bedarf Ihre Antworten anhand unserer gelungenen Beispiele. Überlegen Sie sich zusätzlich individuelle Belege mit Praxisbezug, mit denen Sie Ihre Antworten plausibel ausgestalten können.

1. *What made you apply for this job in particular?*
   Negative Antwort: I read your job advertisement, and I'm very interested in the position.
   Positive Antwort: When I read your job advertisement, I realized it was describing me. My present duties include calculating costs and soliciting quotations. I worked on a project where we achieved better supply chain integration through the selection of suppliers. I have several years' experience in the areas of billing control, scheduling and data administration. I was particularly interested in the close liaison with field staff that you mentioned in the advertisement.

2. *Could you summarize your background in a few sentences?*
   Negative Antwort: Well, after finishing Hauptschule I was unhappy with the situation, so I went back to school and did my Realschule leaving certificate. Then I did an apprenticeship as an electrical engineer. When I finished my apprenticeship, the firm didn't keep me on. I was able to get a service job with another firm. Now I'm responsible for service tasks and also have to travel a bit.
   Positive Antwort: After completing Realschule I decided to do an apprenticeship as an electrical engineer. Even as a trainee I took on service contracts independently. I realized that I was good at fault spotting and problem analysis

in clients' systems. With my current employer I'm in charge of PLC programming for machines and preparing documentation and manuals. Also, my work includes commissioning machines for clients. I have a talent for building a good relationship with clients' operating crews, so lately I've taken over responsibility for briefing clients on site, too.

3. *What are your strengths?*
   Negative Antwort: I'm highly motivated, flexible and a team player.
   Positive Antwort: I can produce good work under pressure – for example, I was able to keep on top of day-to-day work during the changeover to a new computer system. Our customers weren't even aware of the huge restructuring task that was under way. Another of my strengths is my knowledge of different aspects of the company's work. Alongside my usual office duties I frequently took on special interdepartmental tasks like product optimisation.

4. *What can you do to take our company forward?*
   Negative Antwort: I can work hard and produce good results.
   Positive Antwort: I'm keen to give you the benefit of my experience in interdepartmental liaison. Through discussions with colleagues I have been able to reduce processing times in my company. My keen market awareness will also be useful to you.

5. *What contribution can you make in your field of work to help us win more customers?*
   Negative Antwort: I think I would advocate price reductions.
   Positive Antwort: In production it's very important that no products leave the hall with defects of any kind. In previous jobs I've been involved in quality assurance groups. So I know that we in production have to report back if manufacturing stages become so complicated that errors can occur. If we in production take care, the quality and reliability of our products can be improved – and then more customers will want them.

6. *In your view, what do customers value about our products/services?*
Negative Antwort: Well, people can't do their own tax returns these days, it's all too complicated. People need a tax adviser.
Positive Antwort: That they feel they're thoroughly taken care of. You offer a comprehensive service in your tax consultancy. Not just taxation advice, but also bookkeeping, company start-ups, help with inheritance issues and even property management. Clients get a complete package.

7. *Which applications do you use for which tasks?*
Negative Antwort: The ones that are appropriate – a word-processing application for letters and other suitable software.
Positive Antwort: I work with Microsoft Office on a daily basis – Word for correspondence, Excel for statistics and Power-Point for presentations. On top of that, I also use specialist measuring and calculating software.

8. *How did you acquire your software knowledge?*
Negative Antwort: As I went along, by trial and error. I would have liked more support from my company. I'm sure I could do a lot more with the software if only I knew how.
Positive Antwort: I taught myself to use Word with the help of tutoring CDs in my own time. The same goes for Power-Point. To learn Excel, I did an advanced course at evening school. To learn my company's specialist software, I did in-house training.

9. *What impression do you have of our company?*
Negative Antwort: A very good one so far. But I'll be working in the field, in any case.
Positive Antwort: A very professional impression. There's an efficient, friendly atmosphere here. If I were a prospective customer, I would feel I was in good hands.

10. *Where did you hear of our company?*
Negative Antwort: From the job advert. That was the first time I heard of you.
Positive Antwort: I've known of your company for several years. My first contact with you was at a trade fair. After

that I often came across articles about you. I've been impressed time and again by your company's spirit of innovation.

11. *Have you ever experienced budget cuts in your own workplace? How did you cope with them?*
Negative Antwort: Budget cuts are a fact of life, even if they do cause a lot of disruption.
Positive Antwort: It isn't easy when your budget is cut time after time. In my department we lost two out of ten jobs. The remaining colleagues had to divide up the work between them. Of course, that meant more work for everyone, but the workload was still manageable. Our advertising budget was cut as well. Together with the rest of the team I made sure that the remaining budget was only used for selected advertising channels with a high attention value.

12. *Give me two examples of your professional flexibility.*
Negative Antwort: I had to relocate for my last employer, and I even had to cancel my leave once.
Positive Antwort: I've often covered for colleagues, once for an extended period. And I've taught myself to use new software more than once.

13. *What prompted your choice of training/university course?*
Negative Antwort: I wasn't sure what I wanted to do. School doesn't really help you to make those kinds of decisions about your future career. So my choice was a bit random.
Positive Antwort: At school I always had a strong interest in technical subjects/creative subjects/languages/science. I used my work placements to get a taste of different careers that might interest me and get my first real-world experience. I made my final decision after finding out about the career possibilities that training/a degree in ... would open up to me.

14. *What motivates you in your daily work?*
Negative Antwort: I tell myself that I have to pay the rent one way or another.
Positive Antwort: I find it motivating to see things progressing. I like to set myself goals in my work. So I worked to-

gether with the customer service team to respond better to customers' wishes. It was a difficult task, but the positive feedback from customers encouraged me.

15. *What are your strengths and weaknesses?*
    Negative Antwort: I have a good sense of what is achievable. My particular strengths are positive thinking, optimism without naivety and commitment. My weaknesses include the fact that I can be direct and stubborn. I'm always honest, but sometimes I'm not diplomatic enough.
    Positive Antwort: My strengths include teamwork. I have a good understanding of the processes involved in product management and know how I can best use the talents of the people involved. When there's a heavy workload, I can motivate others by making sure they understand how important their contribution is to the team's results. In addition, my good head for figures has always helped me to draw the right conclusions from market research. My weakness is that I'm a bit too direct, sometimes. I need to learn that departmental diplomacy is important to get a project started.

16. *How will you approach your new colleagues?*
    Negative Antwort: I hope that my new colleagues will like me and won't be difficult.
    Positive Antwort: I'll try to establish a personal connection with each of my colleagues. That leads to better teamwork. Everyone has their favourite subjects that they like to talk about. I'll find out how things work and then help to get the job done.

17. *What would the people in your present team criticise about you?*
    Negative Antwort: Not a lot, I hope. But you never really know what your colleagues think of you.
    Positive Antwort: Perhaps that I don't like to discuss the same point ten times. I know that it's important to consult people, but I do like things to keep moving forward.

18. *How do you deal with criticism?*
    Negative Antwort: In an open-minded, honest way. That's what's expected.

Positive Antwort: I listen to the criticism carefully. It can be helpful. It needs to be given in a constructive way, though. If I think the criticism isn't justified, I try to discuss the matter with the person in private. Most ill-feeling can be diffused in that way.

19. *What management principles do you apply?*
Negative Antwort: I think that humanity, expressed through intuition and empathy, is the key factor in situational management. Strong leadership needs to take a back seat to flexibility. Knowledge of human nature isn't entirely something you can learn, though. You still need a certain amount of natural leadership talent.
Positive Antwort: I've achieved good results with management by objectives. Employees appreciate having clear goals to work towards but freedom in how they achieve them. It's also important to back up your staff and get involved yourself, so as to keep things going in the right direction.

20. *What positive comments would your present staff make about you? What negative comments would they make?*
Negative Antwort: It would depend on which staff members you asked. There's always a troublemaker in the team. I think most of them would be very pleased with me, a few of them less so, but you have to put up with that as the manager.
Positive Antwort: My staff would say that I'm always ready with advice and practical assistance, that I give them sufficient autonomy, and that they can rely on me. Sometimes, they grumble when I want results quickly. But they know that I won't set unattainable goals.

Weitere Fragen für Ihre Vorbereitung, einschließlich ausgearbeiteter Selbstpräsentationen und 400 misslungener und gelungener Beispielantworten, finden Sie in unserem Ratgeber *Das überzeugende Vorstellungsgespräch auf Englisch. Die 200 entscheidenden Fragen und die besten Antworten.*

Gut vorbereitet zum Ziel

Diejenigen Hochschulabsolventinnen und -absolventen, die die Anforderungen der Gesprächssituation durchschauen und bewältigen können, werden sich in Vorstellungsgesprächen durchsetzen.

Es geht hier darum, das eigene Qualifikationsprofil mit dem vom Unternehmen erarbeiteten Stellenprofil zur Deckung zu bringen. Dabei spielen nicht nur fachliche Kenntnisse eine Rolle, sondern auch die persönlichen Fähigkeiten.

Gesprächspsychologie in Aktion

Wir wissen aus unserer Beratungspraxis, dass die Darstellung der persönlichen Fähigkeiten und die Herausarbeitung ihrer Praxisnähe Hochschulabsolventen im Gespräch große Schwierigkeiten bereiten. Unser Bewerbungsratgeber hat Sie darauf vorbereitet, diese beiden Hürden zu nehmen. Doch das ist noch nicht alles: Sie haben sich in diesem Ratgeber auch intensiv mit Ihren Stärken auseinandergesetzt und gelernt, dieses Stärkenprofil glaubwürdig zu vermitteln. Damit sind Sie in der Lage, Personalverantwortliche, Fachvorgesetzte und Geschäftsführer inhaltlich zu überzeugen.

Das sowohl für Bewerber als auch für die Gesprächspartner auf der Firmenseite unbefriedigende Spiel des inhaltsleeren Schlagabtauschs brauchen Sie nicht mitzumachen. Die Erwartungen der Unternehmen an Absolventen sind Ihnen klar geworden. Sie haben verstanden, dass es darauf ankommt, sich unter Berücksichtigung der Unternehmensanforderungen ein individuelles Profil zu erarbeiten. Da Sie jetzt in der Lage sind, mit Beispielen zu argumentieren und Ihre Fähigkeiten konkret zu belegen, werden Sie sich positiv aus der Masse der sonstigen Bewerber hervorheben.

Die Überzeugungsregeln der angewandten Kommunikationspsychologie, die bei der Vermittlung Ihres individuellen Profils im Gespräch gelten, haben Sie sich angeeignet. Auf die unterschiedlichen Gesprächspartner und auf deren Vorlieben können Sie eingehen. Mit Ihrer flexiblen Strategie können Sie jetzt sowohl die Geschäftsführer von mittelständischen Unternehmen, Fachvorgesetzte wie Gruppen- oder Teamleiter als auch speziell geschulte Personalverantwortliche in Großunternehmen überzeugen.

Sie kennen nun die Regeln des Bewerbungsgesprächs

Die einzelnen Fragenkomplexe, die mit Ihnen im Gespräch abgearbeitet werden, sind Ihnen nun bekannt und Sie durchschauen, aus welchen Gründen die jeweiligen Fragen gestellt werden. Beispielfragen und -antworten haben Ihnen Formulierungshilfen gegeben und Ihnen dabei geholfen, einen individuellen Antwortstil zu entwickeln. Wie Sie auf unzulässige Fragen reagieren, wissen Sie auch.

Damit Sie Ihre Argumentation wirkungsvoll unterstützen können, haben Sie sich mit der Körpersprache im Vorstellungsgespräch auseinandergesetzt. Sie können Konfrontationen vermeiden, Stressgesten erkennen und eigene Anspannungen auflösen.

Die optimale Präsentation Ihrer Fähigkeiten

Aus unserer Beratungspraxis wissen wir, dass die von uns erarbeiteten bewährten Hilfestellungen für Vorstellungsgespräche Ihre Persönlichkeit besser zur Geltung bringen werden. Sicherlich werden Sie sich mit der Entwicklung Ihres individuellen Stils auseinandersetzen müssen. Das Einüben neuer Argumentationsstrategien ist zu Beginn mühsam, aber die Arbeit wird sich für Sie lohnen. Sie werden bessere Ergebnisse in Vorstellungsgesprächen erzielen, weil Sie Ihre persönlichen Fähigkeiten und fachlichen Kenntnisse jetzt optimal präsentieren können. Ihr berufliches Profil können Sie jetzt passgenau, stärkenorientiert und glaubwürdig präsentieren, so wie wir es Ihnen anhand unserer praxiserprobten Profil-Methode® in diesem Ratgeber Schritt für Schritt erläutert haben.

Für Ihre Vorstellungsgespräche und Ihre weitere berufliche Entwicklung wünschen wir Ihnen viel Erfolg.

Christian Püttjer & Uwe Schnierda

www.karriereakademie.de

Püttjer & Schnierda:
Coaching und Beratung
Unsere Angebote:
→ Bewerbungsunterlagen-Check
→ Vorstellungsgespräch-Coaching
→ Karriereberatung
→ Assessment-Center-Intensivtraining
→ Führungskräfte-Coaching
Preise und weitere Details zu den einzelnen Beratungsmodulen finden Sie im Internet unter www.karriereakademie.de
Püttjer & Schnierda
Raiffeisenstraße 26
24796 Bredenbek/Naturpark Westensee
Tel. 04334 183787
team@karriereakademie.de
Kostenlos:
15-teiliges Videocoaching unter www.karriere-akademie.de
www.karriereakademie.de

Register

A

Abschlussarbeit 9, 29, 39 f., 42, 55 f., 69 f., 96, 116 f., 121, 154, 157, 168, 171, 175
Aids 143 f.
Alternativfragen 89 – 91, 98
analytisches Denken 18, 30, 33, 35 – 38, 67, 81, 100, 102, 180,
Anforderungsprofil 14, 16, 19, 25 – 29, 46 f., 76 f., 82, 86, 148, 201, 207
Angriffsverhalten, unbewusstes 67, 179 f., 183, 186
Angst vor Versagen 67 f., 78
Ansprechpartner im Unternehmen 78 f., 89, 110, 137
Antworten, humorvolle 103 f.
Arbeitsabläufe 18, 32, 82, 86, 152, 154, 164
Arbeitsklima im Unternehmen 15, 18, 198 f., 204
Arbeitsplatzausstattung 139, 198
Arbeitsvertrag 12, 80, 144, 148, 172, 197 – 202, 206 f.
Argumente bringen 14 f., 19 – 21, 23, 72, 96, 146, 148 – 150, 202, 216 f.
Assessment-Center 79, 205
Aus unserer Beraterpraxis 17, 32, 90, 103, 185
Ausbildung 34, 44, 138, 159 f., 170, 173 f.
Ausdauer 50, 95, 136
Auslandsaufenthalt 29, 54, 71 – 73, 95, 148, 159, 162
Außendienst 138, 143, 204
Auswerten des Vorstellungsgesprächs 11, 197 – 200

B

Bachelor 9, 162
Beispiel 35, 40 – 42, 48, 58, 69 f., 82 – 85, 88 f., 92, 100, 105, 110, 117, 119 f., 124 f., 131, 141 f., 148
Belastungsfähigkeit 28, 30, 32, 35 – 38, 49, 81, 92, 96, 100, 102, 122, 124, 163, 166, 168, 175, 180
Beratung 90, 103, 185
Berufserfahrung (auch berufsnahe Erfahrungen) 9, 20, 28, 36, 39 – 42, 44 – 46, 52 – 63, 65 f., 69, 83, 86, 96, 100 f., 108 – 110, 125, 130, 148, 152 – 154, 170, 175
Betriebsrat 193
Bewerbungsunterlagen 15 f., 20,25
Blackout 67 f., 73, 179, 195

C

Computerkenntnisse 27, 29, 32, 41, 46 f., 52, 54, 63, 70, 72 f., 88, 120, 148, 203, 209

D

Dienst, öffentlicher 15, 146 f.
Diplom 9, 17, 28, 69 f.
Dissertation 121
Dominanzgesten 180 f., 188 – 191, 195

E

ehrenamtliches Engagement 130 f., 134
Ehrlichkeit 46 f., 55, 65, 118, 165
Eigeninitiative 32, 54, 121, 160,162, 173
Einarbeitung 36, 110, 136 – 139, 154, 161, 165, 199

Einarbeitungszeit 27, 89, 111, 137
Einstiegsgehalt 145 – 150
Engagement 9, 24, 32, 54, 84, 102, 130 – 134, 162, 164, 167 – 170, 201, 204
Englischkenntnisse 11, 42, 45, 53, 71, 148, 203, 208 – 215
Erfahrungen, berufliche 9, 20
Erfolg 74, 84, 122, 125 f., 128, 154
Erfolg, beruflicher 28 f., 33, 54, 81, 83, 87, 111, 125, 127, 156, 168
Erwartungen der Unternehmen 10 f., 15 f., 19, 22, 26 – 38, 74, 96, 109, 124, 136, 139, 198, 204, 216
Erwartungen der Bewerber 109, 111, 129, 163, 165
Examen 9, 92

F

Fachvorgesetzte 16, 20, 80 – 83, 86, 193, 202, 205, 217
Fähigkeiten, persönliche 15, 17 – 20, 22, 24 – 26, 29 – 38, 41 f., 46 f., 50, 53 – 55, 64 – 66, 76 – 78, 81, 83, 86, 92, 99, 109, 115 f., 120, 123 – 125, 130, 146, 148, 166, 175, 177, 183, 188, 195, 205, 216 f.
Familienplanung 131, 141, 143 f.
Feedback erhalten 165, 214
Feedback-Mail 201, 206
Fehler, typische 10, 43 – 51, 55, 62, 65, 91, 108, 130, 179 – 181, 191
Flexibilität 29, 34, 45, 55, 95, 164, 211, 213, 215
Fragen in einer Fremdsprache 11, 29, 208 – 215
Fragen zum Privatleben 11, 81, 108, 129 – 135, 168 – 170
Fragen zum Studium 11, 81, 108, 115 – 124, 135, 159 – 163
Fragen zum Unternehmen 11, 81, 108, 113 – 115, 135, 156 – 159, 209
Fragen zur Leistungsmotivation 11, 81, 108 – 113, 135, 152 – 156
Fragen zur Persönlichkeit 11, 17, 77, 81, 108, 124 – 129, 135, 163 – 168, 209
Fragen, eigene 11, 19, 77 – 79, 82, 87, 136 – 139, 200 – 202, 206
Fragen, geschlossene 88 f., 98
Fragen, offene 87 f., 98, 138
Fragen, typische 20, 77, 108, 113, 151 – 156
Fragen, unzulässige 11, 140 – 144
Fragetechniken 87
Freizeit 125, 127, 130 – 135, 164 – 169, 199
Fremdsprachenkenntnisse 27 – 29, 72 f.
Führungskraft 33, 37, 84, 89, 153, 205, 210
Führungsstil 129, 165

G

Gehaltsverhandlung 11, 138, 145 – 150, 202
Geschäftsführer 20, 36, 45, 52, 55, 80, 83 – 86, 193, 201 f., 217
Gespräch, zweites *siehe* **Vorstellungsgespräch, zweites**
Gesten, negative 180 – 182, 185, 190
Gestik 179, 186
Gewerkschaftszugehörigkeit 140, 143 f.
Grundhaltung, konzentrierte 181, 186, 191 – 196

H

Hobbys 39, 130, 133, 169
Hochschule 30, 63, 84, 108, 119 f., 131, 160, 162, 164, 167 f., 171 – 174, 176, 189, 198

I

Informationswege 159

J

Jahresgehalt 146, 148 f.
Job-Interview auf Englisch 11, 29, 208 – 215

K

Karriere 152, 155, 163, 168, 170
Karrierechancen 33
Kenntnisse, fachliche 15, 17, 19, 24 – 30, 34,

41, 50 f., 54, 64 f., 69, 76 – 78, 81, 92, 109 f., 115, 124 f., 146, 148 f., 188, 195, 216 f.
Kinderwunsch 141, 168
Kleidung 11, 74 f., 79, 191, 199
Kollegen 30, 93, 124 f., 129, 135, 139, 142, 149, 152, 163 – 165, 167, 175, 178, 198 f., 206
Kollegen, ältere 129, 164, 167, 199, 203
Kollegen, jüngere 164, 167, 199
Kommunikationsfähigkeit 17 f., 29, 45, 55, 71, 76, 96, 117, 138, 204
Kompetenz, soziale 29 f., 162 f.
Konfession 143 f.
Konfrontationsgesten 180 f., 183 – 186, 191, 195, 217
Kontrollfragen 203
Konzerne 15, 17, 58, 113, 208
Körpersprache 11, 17, 179 – 196, 217
Krankheit 155, 161
Kreativität 34, 44 – 46, 48, 55, 90 f., 97, 102, 119, 160, 164, 166,
Krise, persönliche 14, 86, 118, 121, 126 f., 166
Kritik 32, 56, 127, 175
Kritik, ungerechtfertigte 127, 165
Kritikfähigkeit 30, 32, 36 – 38, 81, 124
Kundenkontakt 30 f., 75, 82, 165, 205
Kundenorientierung 30 f., 35 – 37, 81, 142, 209
Kündigung 136, 170

L

Lebenslauf, Brüche im 84 f., 118, 121, 124
Leerfloskeln 14, 46 – 48, 55, 65
Lernbereitschaft 30, 32 f., 35 – 38, 44, 55, 81

M

Magister 9, 44, 52
Master 9, 162
Messen 53 f., 58 – 60, 75, 120, 154, 156, 158
Mind-Map 11, 67 – 73
Misserfolg 119, 125 f., 128
Mitbewerber 22, 25, 47, 54, 58, 114, 132, 149
Motivation 11, 29, 34, 44, 48, 81, 84, 97, 108 – 113, 135, 145, 152 – 156, 163, 165, 173, 209, 211, 213 f.

N

Nachfassen per Telefon/E-Mail 12, 197, 200 f., 206
Nachfragen 24, 85, 89, 106 f., 136
Nebenjob im Studium 9, 35, 72 f.
Negativbeispiel 43 – 46
Nervosität 17, 23, 76, 185, 193
Nicht-Formulierungen 48 f.
Noten, gute 161, 172, 185
Noten, schlechte 47, 92, 123, 161

O

Ortswechsel 132, 186

P

Parteizugehörigkeit 142 – 144
Personalverantwortliche 9 f., 15 f., 18 – 21, 23 – 25, 28, 34 f., 39, 43, 46 – 48, 50, 54, 57 – 59, 65, 76, 78, 80 – 82, 86 – 88, 90 f., 95, 99, 101, 103 f., 113, 116, 118, 125 f., 129 – 132, 135 f., 140, 142, 147, 150 f., 163, 171, 179 – 181, 184, 186, 189 f., 193, 196, 198, 200, 202, 205, 208, 216 f.
Positivbeispiel 51 – 53
Praktika 9, 20, 24, 27 f., 31, 34 – 36, 39 – 41, 44, 52, 55 f., 58 f., 65, 70, 72 f., 82 – 84, 88, 90, 93, 95 f., 100 f., 105, 108 f., 119 – 121, 123 – 125, 131 f., 138, 153 f., 156 f., 159 – 168, 170 f., 174 f., 204
Prämien 138, 149
Probezeit 33, 136, 138, 148, 150, 154
Profil, individuelles 9 f., 19, 24, 39, 53 f., 66, 72, 159, 210, 216
Projektarbeit 9, 28, 30 f., 33 f., 36, 38 – 42, 44, 52, 54 – 58, 65, 81 – 84, 95, 97, 100, 108, 124, 162, 167, 175
Projektverantwortung 44, 153
Promotion 9, 17, 147

R

Referendariat 70 f.

S

Schlagworte nennen 56 – 61, 66, 95, 107
Schlüsselbegriffe 53, 57 – 61, 66, 82 f., 86
Schule 11, 39, 81, 91, 108, 115 f., 119 – 122, 135, 152, 159, 173 f., 210
Schwächen, eigene 11, 16 f., 51, 78, 99, 103 – 108, 125, 128, 186 f.
Schwangerschaft 143 f.
Schwerbehinderung 143 f.
Sekretärin 76
selbstständiges Arbeiten 30, 32, 35 – 38, 81, 83, 90, 159
Selbstbewertung, übertriebene 46, 50, 65
Selbstkritik 14, 103
Selbstpräsentation 9 – 11, 15, 19 f., 22 – 74, 76 – 79, 108 f., 125, 152, 155, 178, 180 f., 188, 209, 215
Soft Skills 30
Sonderaufgaben 41, 84, 93, 203
Stärken, eigene 10 f., 13 f., 16 f., 19, 22, 67 f., 71 – 73, 76 – 78, 94 f., 99 – 104, 107 f., 119, 125, 128 f., 186, 194, 216 f.
Stärkenprofil 9 f., 20, 216
Studium 11, 17, 24, 28, 31, 33 f., 39 – 42, 44 – 47, 50, 52 – 54, 56, 58, 63, 65, 69 f., 72 f., 81, 84 f., 92, 100, 108 – 110, 115 – 125, 132 f., 135, 138, 141, 148, 152 – 154, 156 f., 159 – 164, 170 – 177, 198, 204
Stellenausschreibung 34, 157
Störfaktoren 74 f., 126
Stressfragen 76, 90 – 94, 98, 118, 125, 140, 142, 152, 170 – 178, 191
Stressfragen entschärfen 92 – 94, 98
Stressgesten 217
Stresssituation 67 f., 103, 180, 183
Studenteninitiative 35, 84, 155
Studiendauer 162, 173
Studienschwerpunkt 24, 27, 39 – 42, 63, 65, 69 f., 110, 157, 159, 175, 177
Studienwechsel 85, 118 f., 173

T

Tagesgeschäft 41, 53, 57 f., 66, 82, 86, 90, 161, 163, 166, 198
Tätigkeitsanforderungen 16, 27, 30, 42, 44 – 47, 54 – 58, 60, 65, 109, 115, 161, 163, 166, 198
Teamarbeit 30 – 38, 49, 81, 88 – 90, 97, 124, 128, 166, 203, 205, 214
Teamfähigkeit 16 f., 29, 31, 34, 37, 44, 95, 102, 124, 132, 202 f., 211
Trainee 44, 46, 51, 54 f., 58 f., 82, 89, 145, 163, 205, 210

U

Übersicht 11 f., 209 f.
Übung 37 f., 42, 49 f., 56 f., 60 – 64, 72, 93 – 98, 101 f., 105 f., 110 – 115, 117 f., 121 – 123, 126 – 129, 132 – 134, 137 f., 152, 191, 194, 198 – 200
Universität 44, 47, 53 – 55, 69 – 71, 95, 147, 160, 170, 174, 213
Unternehmen, mittelständische 15, 78, 153, 217
Unternehmenskultur 15, 199
Urlaub 134, 137 – 139, 176, 202

V

Verhandlungen führen 11, 28, 31, 97, 145 – 150, 167
Verlegenheitsgesten 17, 181, 186 – 188, 191, 196
Vorstellungsgespräch, zweites 12, 78, 201 – 205, 207

W

Weiterbildung 30, 32, 44, 69 f., 72 f., 110 f., 123, 138

Werdegang, bisheriger 10, 18, 22, 24, 26, 51, 84, 118, 121, 135, 159
Widersprüche 20 f., 181

Z

Zeitdruck, arbeiten unter 50, 175
Zeugnis 34, 44, 47, 51, 92, 103, 123, 161
Zufriedenheit, persönliche 121, 160, 163
Zusammenfassung 20 f., 64 – 66, 73, 79, 86, 98, 107, 135, 139, 144, 149 f., 195 f., 206 f.
Zusatzqualifikationen 39 – 42, 65